JN217192

ランディングページ最適化

現役LPO会社社長から学ぶ

コンバージョンを獲る ランディングページ

相原祐樹

株式会社 FREE WEB HOPE 代表取締役

ソーテック社

はじめに

はじめまして！　本書を手にとって頂き、誠にありがとうございます。

株式会社FREE WEB HOPEの代表の相原 祐樹と申します。1985年生まれの33歳です。趣味はゲームと旅行です。旅行先でのゲームとか最高ですね(行く意味あるのかってよく言われます)。

株式会社FREE WEB HOPEは、年間100本以上のランディングページ制作から得られた、ランディングページ制作・PPC広告・アクセス解析・SEO対策を武器にクライアント様に成果の出るWebマーケティングノウハウを提供している会社です。

突然ですが、僕が常々思っていることがあります。愚痴になりますが聞いてください。

「世の中、情報が断片的すぎる！！」

Webマーケティングって、やるべきことや覚えなければならないことが沢山ありますよね。

なのに、Webマーケティングについて調べ物をしようとして出てくる情報は、抽象的だったり概念的だったりしてがっかり……調べることに疲れたな……なんて経験はありませんか？　僕もWebマーケティングの勉強をはじめた頃はよく思っていました。

「考え方とかマインドセットはいいからやり方を教えてくれ」と。

リスクヘッジのために曖昧な言い回しを多用したり、素人にはわかり辛い専門用語を多用したりして「結局、何言ってるかよく解らない」と思うことも多かったです。そこで、僕は思いました。

「そうだ、もう自分が全部時系列でまとめちゃおう！」

難しい言葉は抜きにして、ブログみたいに楽しく、読みやすく、でも「Webマーケティングやランディングページ作成で本当にやるべきこと、やらなければならないこと」を具体的手法を用いてわかりやすく解説した本を書いてみようと思ったのです。

様々な業種業態と取引があるWebマーケティング会社だから書けた

実際、僕の会社の業績は、設立から4000万、1億、3億、5億……と毎年伸び続けましたが(このとき従業員はたった8人)、この理由も全て本書で解説しているようなWebマーケティング手法があったからです。

本書はそういう実践で得られている情報を中心に、ガチな情報を整理してわかりやすく解説したものです。

書籍で読んだ情報や勉強会の知識なんてものは、結局実践して得られる情報には勝てません。実践して得られる結果のみが「ノウハウ」と呼べるのです。

「あーそれは知ってる」「これも知ってる」——でも結局やらないと、その「知っていること」が本当に効果が出るのか出ないのかはわかりません。
そして実践には時間と、少なからずお金がかかります。本書は「時間」の部分を短縮できる虎の巻だと思ってください。なんてったって、7年かけて得られたノウハウを全部公開しちゃうんですから。

弊社は、様々な業種業態と取引があります。経験業種は100なんて余裕で超えていて、数えたことがないからわからないくらいです。

ですから、効果の出る施策や失敗する条件までわかってきます。

本書を読むことであなたは——

- Webマーケティングって何か
- 何をどこからやらなきゃいけないのか
- 考え方とかじゃなくて具体的な手順

がわかるようになって、結果的には

- 継続的に売り上げが上がるサイトが手に入る
- 反響が増えるのでテレアポや飛び込み、展示会や交流会の営業が必要なくなる
- 既存事業の売り上げを安定させて、新プロジェクトの構想に着手できる

このようになります。これらは、マーケティングが成功し始めた頃から僕が実際に実現できている結果です。

さらに本書は、

- 広告費を半分にして反響数を3倍にし、受注を2倍にした法律事務所
- 完全成果報酬の業者に圧勝したドライバー派遣業
- 15万円の予算で毎月粗利150万円を稼ぐ賃貸業
- 無名の8800円の化粧品を安定的に供給することに成功した化粧品会社
- リリース1ヶ月で1000個の馬刺しを販売した会社
- 安い案件ばかりだったのに高額案件の反響にシフトチェンジしたWeb屋
- 電話が鳴りすぎて広告を止めてしまった不要品回収業者

このような事を実現した手法でもあります。

本書を読むことで、あなたも必ずWeb経由の購入や問い合せの件数を伸ばすことができます。

もし今あなたがWebサイトすら持っていなくても、
もし今あなたがリスト0の状態でも、
もし今あなたが全くWebの知識が無かったとしても、

誰でもカンタンに実現できるように本書を執筆したので、是非あなたのビジネスに役立ててください。

最後に一つ。
本書の目的は「実践してもらうこと」にあります。
「本を書くこと」そのものを目的としているわけではないので、堅苦しい言い回しで読みづらくなるのは僕の意図するところではありません。
ですから、ブログを読んでいるような感覚で読み進められるようにしていきます。言葉遣いがくだけているところがありますが、そういう目的があってのことです。

難しい、敷居が高いと躊躇せずに、気楽に読んで一緒に実践してほしいと思っています。

「それでは、はじめましょう！」

2018年3月吉日
株式会社FREE WEB HOPE代表　相原 祐樹

Contents

Part 3

マーケティングの軸「ランディングページの最適化」 053

Part 4

広告を使ったランディングページへの最速の集客法 123

Part 5

広告費を大幅に下げる最強の集客術

Part 6

もっと効果を高めるためのランディングページの運用

Part 1

最短で成功する LPOを軸にした Webマーケティング

Section 01-01

Webマーケティングと効果を出すための第一歩

Webマーケティングの概念

以前、広告予算を年間数億円お任せ頂いていたとある顧客から「Webのセカイは魑魅魍魎……よくわからないよ」と言われたことがあります。

確かにWebマーケティングに明るくない方からすると横文字は多いし、技術は難しいし、よくわからないと感じてしまうでしょう。

「マーケティング」とは一言で言うと「商品を販売するためのあらゆる活動」を指します。これをWeb上で行うことをWebマーケティングと呼びます。

商品を販売するとき、そこには「商品の作り手」と「商品の買い手」が存在し、作り手は誰かの何か（問題や課題）を解決しようと商品を作り、買い手は自分の抱える悩み（問題や課題）を解決するために商品を買います。

Webマーケティングのテクニック部分や技術的な部分に触れてしまうと難しく感じることもありますが、常に考えることはシンプルに「誰の何をどうやって解決する商品だっけ？」これに尽きます。

確かに技術やテクニックも大事な世界ですので、もちろんその点にも触れていきますが、本書では技術やテクニックだけでなく、考え方や概念、アイデアにもページを割いています。

なぜなら移り変わりの早いこの世界で、根本的な考え方や概念を知っているからこそ新しい技術やテクニックの学びを最大限活かすことができるからです。

何が言いたいかというと、流行りのテクニックを身に着けようと流されて失敗する人が非常に多いのです。

本書は「ランディングページ最適化」を中心としたWebマーケティングの書

籍です。ランディングページの制作では「人の購買欲求をどう刺激するのか」「あなたの商品の世界観をどううまく訴求するのか」「誇大広告やいっときのテクニックだけで売るのではなく、あなたの商品の魅力はどうすれば伝わるのか」を詳しく解説します。

しかし、ランディングページはあくまで受け皿となる、いわゆるクロージングの役割ですから、まずは人に見てもらわなければ意味はありません。ですから、本書では集客面にも触れていきます。

具体的には、リスティング広告やコンテンツマーケティングでの集客、メールマーケティングなどランディングページに見込み客を呼び込むための方法について解説します。

では本題に入る前に、まずストレッチとしてWebサイトを取り巻く周辺の流れを見て、Webマーケティングの全体像を理解しましょう。

とはいえ、難しいことを言うつもりはありません。「Webサイトへの流入って、どこから来るのか」を再確認し、あたまをスッキリさせることが目的です。

集客が売上になるまでの関係図を意識しよう

まずは、次ページの図を見てください。

「Webページから売り上げをあげたい！」と思っている人は、この図を常に頭の中に入れておいて欲しいと思います。

実際に私も新しい案件の相談に乗るときなど、この図を頭の中に思い描き、どこからどうやって見込顧客を集めるのが効果的か、ということを考えています。

この図は単純に「Webページってどこから人が来てどこにいくの？」を解りやすくした図です。

「見込み客を集める」→「見込み客がサイトを見る」→「購入や問い合わせのアクションを起こす」というシンプルな流れです。

これを極めるとカスタマージャーニーマップというものにたどり着きますが、今はシンプルにとらえてみましょう。

「Webページってどこから人が来てどこにいくの？」を解りやすくした図

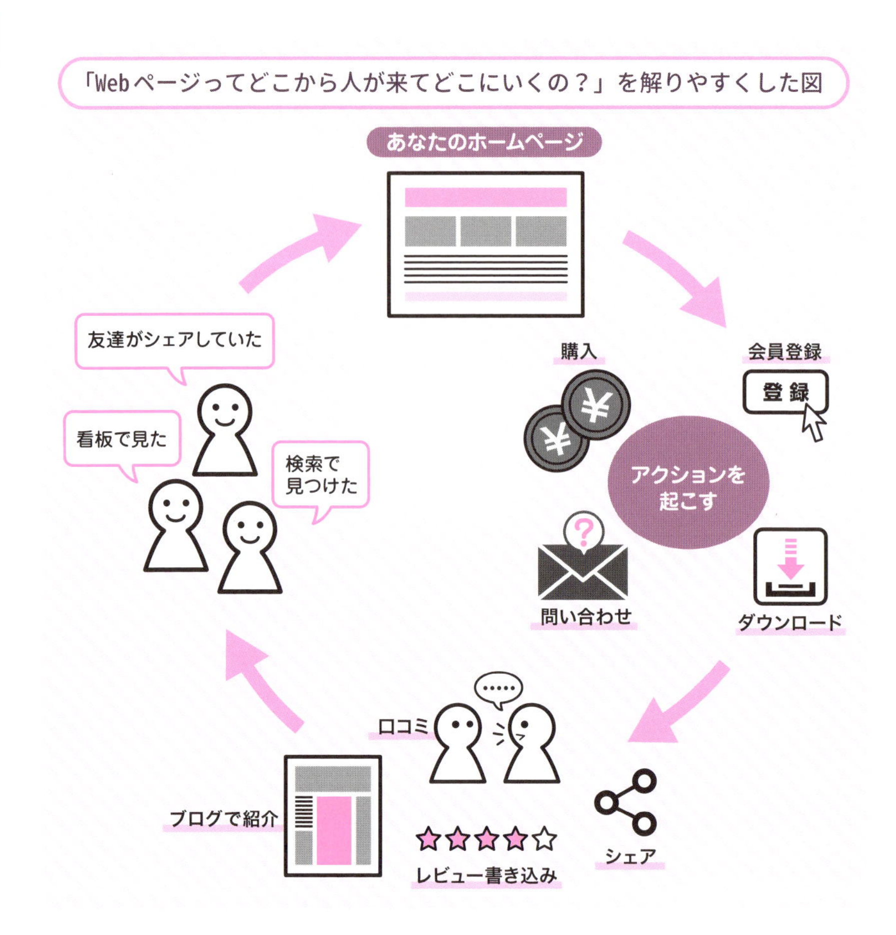

Webページ（ECサイトでもランディングページでもなんでも）にお客さんが来てくれるまでは、色んな接点があります。それはもう、屋外の看板から検索広告からソーシャル・ネットワークサービスまでいろいろです。

ランディングページの制作の現場にいると「この商品の良さをどう伝えるか」に非常に熱を入れている顧客を多く見ますが、商品の魅力と同じくらいに大事なことが「どこからユーザーがやってくるのか」です。

例えば自ら検索して「にきび 洗顔」と検索した場合に見るページと、Facebookを見ていたらたまたま出てきたバナー広告から見るページは、同じであってはいけないのです。ユーザーのモチベーションが全く違うからです。

なので、商品のメリットをいかに訴求するかだけに軸を置かずに、必ず「そもそも、お客さんはどこから来るんだっけ」ということを念頭に入れる必要があります。これが、ランディングページで効果を出すための第一歩です。

同じニキビの広告でも、見る人のモチベーションがちがう！

当然ですが、作って公開したWebページは誰かに知られなければ永遠に誰も訪問してこないので、必ず何かしらの手段でターゲットに「ここにあなたに必要な商品があるよ！」という事を伝えなくてはなりません。

ひとことで「集客」と言っても、広告の種類も消費者の行動もとても複雑で、あなたのビジネスの種類や顧客の属性によって、どこにどう打ち出すか、それぞれどれくらい予算がかかるのかは大きく変わってきます。

そして「広告を出す」と言っても、新聞広告やインターネット広告で全く違いますし、例えば大学のコピー用紙に広告を打てるサービスやインフルエンサーと呼ばれる影響力のある個人に協力してもらう方法もあります。郵便局の封筒に広告を打つことだってできます。訴求方法は、無限にあるのです。

本書は、その様々な訴求方法の中から実践のし易さと再現性の高さを考慮して「誰でも」「わずかなリソース」で「今すぐできる」、一般的に効果の出しやすいものに絞って解説していきます。

Section 01-02

ランディングページを見てみよう

ランディングページって何？

本書では「売れるランディングページ」をなにより大事に考え、その作成方法、運用方法を解説していきます。なぜランディングページが重要なのか、その理由や最適化手法は後述しますが、その前にまずは「ランディングページとは？」という人のために、ランディングページについて簡単に説明しておきます。

ランディングページとは「着地のページ」という意味

ランディングページを言葉通りに訳すと「着地のページ」という意味になります。言葉の意味通りだとユーザーが一番最初に見るページのことですが、マーケティングの世界では縦長の1ページをスクロールして読んでもらう形のクロージングを行うページをランディングページと呼ぶのが一般的です。

実際に見てもらうのが一番早いと思うので、右ページに例として私の会社のランディングページを紹介します。紙面の関係上、すべてを掲載することはできないので、是非URLを入力して実際にブラウザで見てほしいと思います。

このページは弊社の「派遣型研修事業」の集客用ページで、Webマーケティング担当者の育成を行いたい企業からの問い合わせを獲得する為のページです。

実際にこのページからは、1件の問い合わせ単価を5,000円程で獲得し、23%の確率でアポイントに繋がり、18%の確率で受注に至っています。

平均単価は25万円なので計算式はこうです。

問い合わせ100件 →50万円の費用
そこから23%のアポイント率 →23件のアポイント獲得
・1件あたり訪問単価21,739円
受注率18% →4件の受注
平均単価25万円 →50万円の費用に対し100万円の売上

50万円の広告費に対して100万円の売上なので、粗利は50万円です。

実はこの効果は、単体で見ると大した効果ではありません。

ですが、この先のストック商品やクロスセル（関連する商品を組み合わせて購入してもらうこと）やアップセル（より高価な商品へ移行してもらうこと）、受注顧客からの紹介などを含めるともっと大きなROI（投資対効果）が出るのです。

そして弊社ではこうしたランディングページをいくつも運営しています。

後述で詳しくご紹介しますが、弊社のオススメするランディングページの制作・集客手法は、実は「小さく稼げ」です。

一昔前であれば、1つのランディングページから最大限の利益が出るように頑張っていましたが、今は集客のチャネルが増えているので、チャネルごと、ユーザーごと、広告ごとにいくつも作って低予算で最大の費用対効果を引き出す手法をオススメします。大量に作る方法にも、後ほど触れていきます。

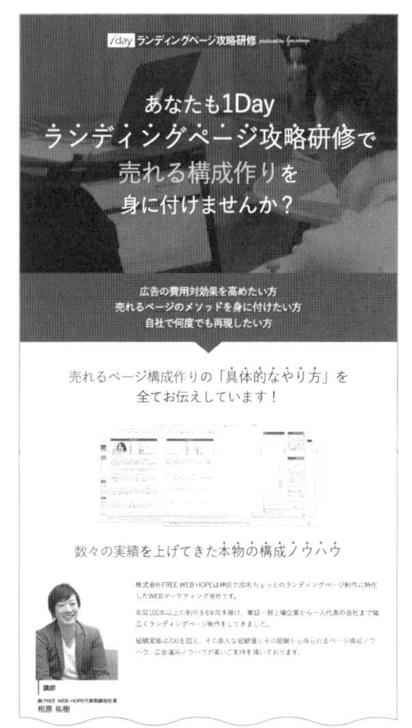

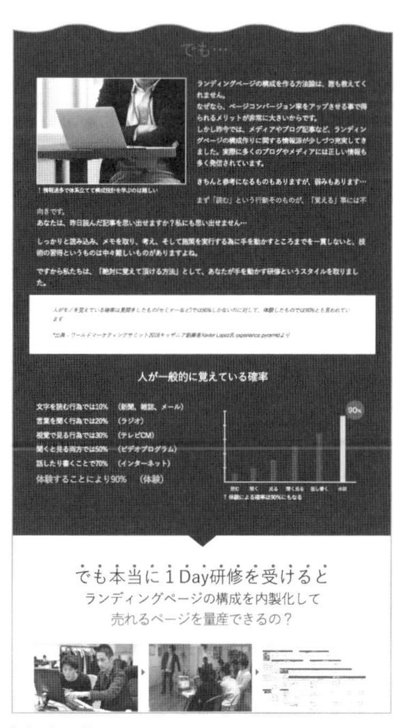

株式会社FREE WEB HOPE ¦ ランディングページ攻略研修
http://fwh.co.jp/lp/1daylpo/

Section 01-03

ランディングページの最適化(LPO)の重要性

成果を上げたいならランディングページを改善せよ

もしあなたが、自社のホームページから商品が売れない、仕事に繋がらないなどの理由で困っているのなら、一番にランディングページの最適化を行うことをオススメします。これをLPO（Landing Page Optimazation）と言います。

前節で「ランディングページ」＝「着地のページ」だとお話しました。つまり、「ランディングページ最適化」とは、着地のページを最適化しようということになります。

集客にかける予算はそのままで、見込み客からの問い合わせ件数を増やしたり商品を購入してくれる人数（率）を増やしましょうということです。

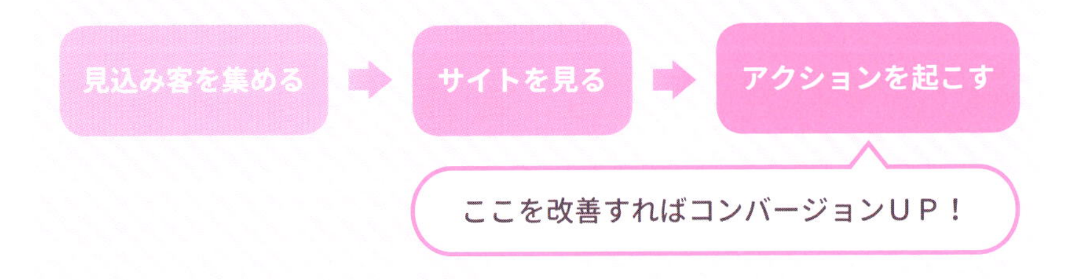

12ページの流入経路の図を思い出してください。

図では「Webマーケティングの見込み客を集める→見込み客がサイトを見る→購入や問い合わせのアクションを起こす」というシンプルな流れが循環していましたが、顧客がアクションを起こすランディングページがしょぼいと離脱が増えて機会損失が増えます。

ですから、私はWebページからの売上を伸ばしたい人には必ず「まずはランディングページを徹底的に改善しよう」と言います。

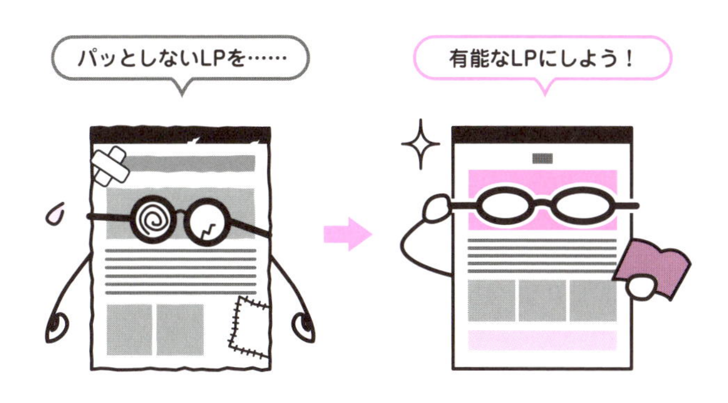

ランディングページ最適化を軸として成果を上げる

そもそも集客がない場合でも、集客に費用を掛ける前にかならず完璧だと思えるランディングページを作っておきましょう。でないと集客にかけたお金をドブに捨てることになります……。

Webページからの売上を伸ばしたいと思ったとき、様々なテクニックを駆使して集客を頑張ってしまいがちですが、PPCやSEO、メルマガなどで見込み客を大量に自社サイトに誘導できたとしても、ランディングページがお粗末な状態であれば、購入まで至りません。
あなたのサイトが水をすくえないザルのような状態では、折角の広告予算も無駄になり、1件の成約にかかる集客の単価は大きくなるばかりなのです。

つまり「1人の見込み客も無駄にすること無く刈り取るランディングページをつくりましょう」と言うことです。いくら広告の知識があったとしても、メルマガで多くの訪問者を獲得したとしても——最終的に購入や問い合わせが生まれなければ意味がありませんよね？
もちろん集客は大事です。ただし、順番が大事です。

①最適化したランディングページを軸にして、
②効率的な集客方法で集客することで
③成果をあげる

このステップが重要なのです。

Section 01-04

購入率を2倍にしたら利益7倍になった！

ランディングページ最適化の具体例

具体的な数字を用いて、ランディングページの最適化を最初に行うことの重要性をもう少しお話しておきます。

ふつう、購入率が２倍になると利益も２倍になると思いませんか？　では、こんなケースを見てみましょう。

前提）あなたは1つ1万円のカーペットを売っています。
このカーペットを１つ売るごとに、6,000円の利益が入ってきます。

自社サイトへは、月に1,000人の訪問者がいて、そのうち10人がカーペットを買いました。このときの売上を見ておきましょう。

→訪問者数1,000人　購入率1％　売り上げは10万円（利益：6万円）

■ランディングページを最適化すると……

ランディングページを最適化して、ランディングページからの購入率を上げることができた場合を見てみましょう。

購入率の１％を２％に引き上げることができたらどうでしょうか。集客数は変わらず、月に1,000人の訪問者です。そのうち20人がカーペットを買いました。

→訪問者数1,000人　購入率2％　売り上げは20万円（利益：12万円）

購入率が倍になったので売り上げ・利益共に倍ですね。当然です。しかし何か見落としていませんか…？　そうです、着地のページの最適化なので、広告費が一切変わっていないのです。

広告予算を変えずに、売り上げ・利益を倍にすることができる。それがLPOです。

広告費込みで見てみよう

では実際に広告費を考えた場合を見てみましょう。

例）あなたは1つ1万円のカーペットを売っています。
　　カーペットを１つ売るごとに6,000円の利益が入ってきて、
　　月に５万円の広告費をかけています。

1,000人の訪問者がいて、そのうち10人がカーペットを買いました。

→購入率１％の場合
利益6,000円x購入数10人ー広告費５万円＝１万円の利益

→購入率２％の場合
利益6,000円x購入数20人ー広告費５万円＝７万円の利益

なんと、利益は７倍です。

「よっしゃWebマーケティングするぞ！」となったときに、一番最初にLPOをして欲しい理由はここにあります。

もちろん、気合を入れて作ったページがコケるということもありますが、成功確率を高めてから広告にお金を使うなり、ソーシャル活動に時間をつかうなりした方が効率的であるのは一目瞭然でしょう。

「ランディングページが水をすくえないザルではいけない理由」をわかっていただけたと思います。

Section 01-05

成果を出すための流れを見てみよう

ランディングページの制作～運用までの流れ

Webマーケティングに終わりはありません。しかし「今すぐできるWebマーケティング」という視点で考えると答えはシンプルです。

「ランディングページの作成」は「分析」「企画」「ライティング」「デザイン」。

「ランディングページの運用」は「ABテスト」「ランディングページ最適化」「量産」。**「ランディングページへの集客」**は「PPC広告（検索広告・SNS広告）」「コンテンツマーケティング」「メールマーケティング」に分かれます。

この項目が本書で解説する「今すぐできるWebマーケティング」です。

ランディングページ戦略は大きく分けて３つ、全部で10の要素でできている！

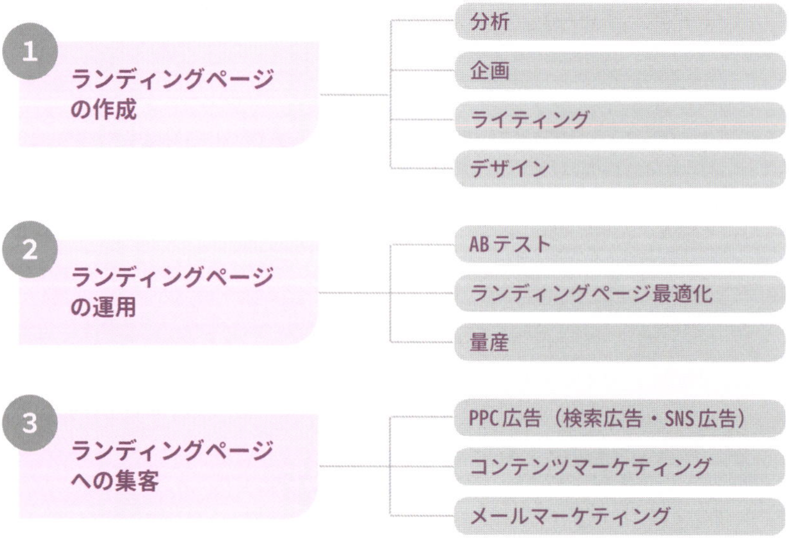

1 ランディングページの作成
- 分析
- 企画
- ライティング
- デザイン

2 ランディングページの運用
- ABテスト
- ランディングページ最適化
- 量産

3 ランディングページへの集客
- PPC広告（検索広告・SNS広告）
- コンテンツマーケティング
- メールマーケティング

もっとたくさんのノウハウや技術がありますが、おおまかに分けるとこれさえしっかりやっていれば安定した反響の獲得や売上が見込めます。

１つ１つはとても深い技術が必要ですが、本書ではこの上記の制作と集客ノウハウをできるだけわかりやすく、初心者でもできるように以下の図のような順番で解説していきます。できれば、最初から通して読んでほしいですが、「ここが先に知りたい」と思ったなら、気になるPartから読んでください。

コンバージョンを獲るランディングページ戦略の流れ

Part 2で解説　ユーザー分析／3C分析をする

まずは誰に届けるのか？ユーザー像を明確にする為にペルソナを設計します。また、Web上で商品に対するニーズを調査するのに必要なツールの情報なども交えて、見込顧客の分析を行います。
ここのクオリティがランディングページの成功要因の8割を握っていると言っても過言ではないくらい重要なパートです。

▼

Part 3で解説　ランディングページのストーリーとライティング作成

ランディングページの流れはどう作るのか？また、コピーライティングはどのように行うのか？を具体的に解説していきます。年間100以上のランディングページを制作し続けている私の会社の最重要ノウハウです。

▼

Part 4で解説　広告を使ってランディングページへ集客

ランディングページ集客の多くはWeb広告です。
このパートではWeb広告にどんなものがあるのか、ランディングページの集客と相性が良いものはどれかを見ていきましょう。

▼

Part 5で解説　コンテンツマーケティングでの集客

集客にお金をかけたくない人はブログなどのメディアを作成し「コンテンツマーケティング」で集客します。広告で集客をしている人も、広告と併せてコンテンツマーケティングも行えば広告費を減らすことができます。また、集客以外にもブランドイメージの向上や見込み客の教育などのメリットがたくさんあります。

▼

▼

Part 6で解説 **もっと効果を高めるためのランディングページの運用**

Webマーケティングに終わりはありません。ランディングページは効率よく運用しましょう。そのためのABテストや量産の方法について解説します。また「成果に繋がらなかった案件」も放置してはもったいないので、次につなげていく方法をお伝えします。

成果を出すためにやるべきはこれだけでいい！

Webマーケティングで今すぐ成果を出すためには、たったこれだけ覚えていれば大丈夫です。

実際に当社はこの手法を中心に数百社以上のコンサルティングや運用、仕組みの構築を行ってまいりました。そして、様々な業種での売上アップに成功してきました。

必ず成果が出るので是非１つ１つ着実に構築してみてください。本書の手法を実行していくうちに、あなた独自のノウハウが溜まっていきます。まずは盲目的にこれらの項目を試してほしいと思います。

重要：効果測定を怠ってはいけません！

大事なことは、各セクションにおいて必ず効果測定をすることです。もちろんその方法もお伝えします。

Webマーケティングのいいところは、全てを数値化することが可能なところです。万が一結果が出なくとも、数値さえ取れれば改善の糸口を掴むことができます。そうして改善を繰り返していけば、結果は必ずついてきます。

数値データの蓄積はあとからボディブローのように効いてきます。次の打ち手を考える、施策の良し悪し、などあなたの会社や商品独自のノウハウが積み上がっていきます。

効果測定ができない、よくわからないという人も、あとで専門家に見てもらえるようにGoogle Analyticsだけは必ず導入しておきましょう。

魔法のように一発で数千万を売り上げることもありますが、それは稀です。コツコツと積み上げていくことが最短の近道だということを忘れないでください。

Part 2

結果の8割を決める
リサーチ・3C分析・
ペルソナの設計

Section 02-01

リサーチと設計に時間をかけよう

一番最初にやるべきは「リサーチと設計」！

売れるランディングページ作りの８割を決めると言っても過言ではないのが、この「リサーチと設計」です。

内容の良いランディングページを作っても、そもそもターゲットがブレていては、きちんと訴求できません。また、広告や集客の施策・集中と選択にも影響が出ます。ですから、最初にまず「リサーチと設計」を行います。

大きく分けて、リサーチと設計フェーズでは下記の３つを行います。

1. **ニーズリサーチ**
   ターゲットのニーズに関するリサーチを行います。
2. **3C分析**
   顧客・市場・競合の３つの観点から自社のポジションを洗い出します。
3. **ペルソナ設計**
   ターゲットの人物像を明確にします。

ここでのリサーチと設計を元にして、今後ランディングページの構成や集客を考えていきます。

ターゲットが違えば、ページでの訴求方法やどこにどうやって広告を出すかなどの方向性はまったく異なります。リサーチや設計というと敬遠されがちで、苦手意識がある人もいると思いますが難しく考える必要はありません。

リサーチと設計でアイディアに大きな差が生まれる

右ページにランディングページの作成にかける時間のイメージを円グラフにしたものがあります。

この円グラフでイメージするように、リサーチと設計には時間をかけましょう。驚くほどにライティングやその先の広告出稿が楽になります。

もちろんこの図は一例です。実際にライティングにはものすごく時間がかかるときもあれば、あっさり満足のいくものが出来上がるときもあります。

ランディングページを運用するフェーズに入ったときにきちんとリサーチをした場合とそうでない場合では打ち手のアイディアに大きな差が生まれます。

なぜなら、「失敗するランディングページ」を作ってしまう一番大きな理由が、商品のことだけ考えてランディングページを創ることにあるからです。

これは非常に多いケースで、商品の良さや強みのことだけを考えて作られたランディングページは、失敗したときに改善しようとしても商品の訴求方法のことしか頭に思い浮かばなくなります。

ニーズを調査したり、競合を分析するといったプロセスを踏んでおくと「あれ、もしかして前提から間違ってるかな？」と改善の思考が深まります。

それでは次のページから、実際のリサーチ方法に触れていきましょう。

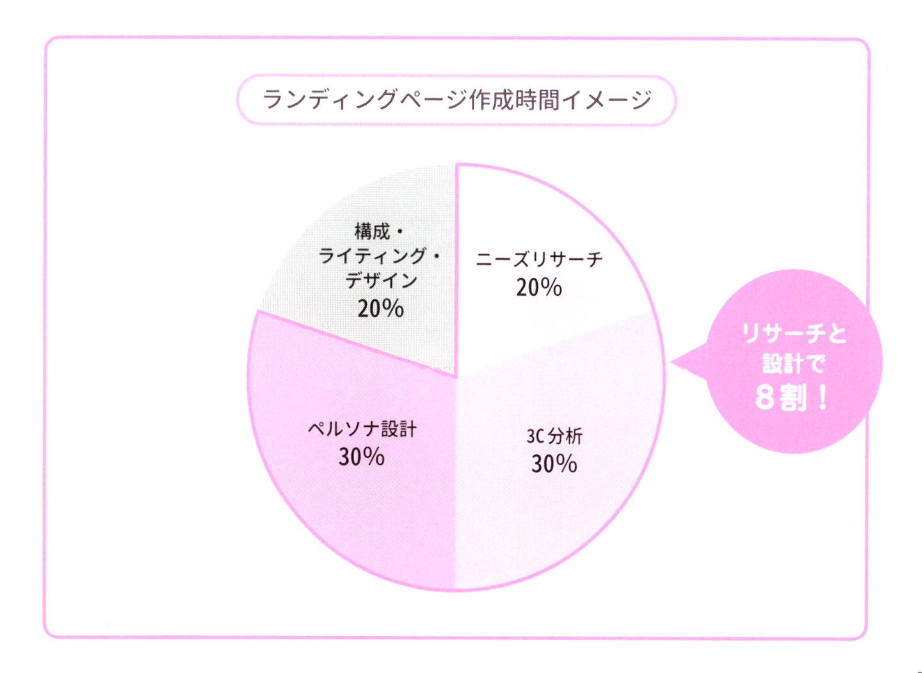

Section 02-02 ターゲットニーズリサーチの方法

ターゲットニーズリサーチとは

ターゲットニーズリサーチとは、読んで字のごとく「ターゲットのニーズをリサーチすること」です。例えばあなたに今、売りたい商品があった場合、

- その商品にどんな印象を抱いているのか？
- なぜ買ったのか？
- その商品や類似製品に関する不満や不安は何か？

を把握することが大切です。

特に、商品に対して抱いている一般的な常識や印象を把握することは非常に重要です。なぜなら、顧客が思う商品に対する常識をいい意味で裏切ることは、ランディングページの鉄板の打ち出しだからです。

■ターゲットニーズリーサーチが不要な場合

ターゲットニーズリーサーチが不要な場合もあります。

例えばあなたが歯科医院を営んでいて、毎日お客様の声に触れていて業界のことも分かっている…そんな場合はターゲットニーズの調査はあまり必要ないかもしれません。不要と感じたらこのSectionは飛ばしても大丈夫です。

しかしこのSectionでは「ネット上でのニーズ」を拾う方法を記しているので「こういうキーワードがよく検索されているのか」など新たな発見に繋がる方法は学べます。リサーチしたい項目は下記の４つです。

- 商品(競合製品でも可)にどんな印象を抱いているのか？
- なぜ買ったのか？
- 商品(競合製品でも可)に関する不満や不安は何か？
- どういう条件なら買うのか？

ターゲットリサーチの方法

ターゲットリサーチの方法は様々ありますが、本書では以下を推奨します。

①お客さんに直接聞く
②検索ツールを利用する
③ネットで調べる
④お金をかけて調査する

「お客さんに直接聞く」は必ずやってほしい

意外かもしれませんが、ターゲットリサーチの一番の正解は「今のお客さんに直接ニーズを聞く」です。

可能であれば、お客さんに、ふか〜〜〜く話を聞いてみてください。実際のお客様の声が一番です。もちろん業種によるところが大きいので、声を聞くのが簡単な業種もあれば、難しい業種もあるでしょう。

「うちの会社では難しい」と思った方もいるでしょうが、本当にそうでしょうか。「顔が見えないサービスを運営しているから無理……」と諦めていませんか？
例えば売れている通販会社で、購入者に直接電話してお客様の声を聞いている会社もあります。なぜ買ったのか、どんな悩みがあったのか、根掘り葉掘り聞いています。

電話インタビューにはインセンティブを付けても構いません。とにかく直接聞いてください。
「そこまでする必要ある？」と思うかもしれませんが、これが一番なのです。悩みや人物像が明確になると、本当にWebサイトは作りやすくなるのです。

Section 02-03

「検索ツール」を使ったターゲットニーズのリサーチ方法

検索ツール」を使った簡単なキーワードリサーチの方法

ネットを使用して一番手っ取り早くターゲットのニーズを調べる方法は、「サジェストを見る」という方法です。

サジェストとは検索ボックスにキーワードを入れたときに出てくるキーワード候補のことです。

■サジェストから関連度が高く需要のあるキーワードを探す

例えばGoogleとYahoo!で「矯正」と打ってどんなキーワード候補が出てくるか見てみましょう（※サジェストが出ないキーワードもあります）。

サジェストに表示されたのは、「矯正」「痛い」「ブログ」「期間」「抜歯」「マウスピース」「歯」「英語」「意味」です（※時期によって変わります）。

見終わったら、同じようにYahoo!検索でも見てみましょう。

Google

Google
矯正|
矯正 痛い
矯正 ブログ
矯正 期間
矯正 抜歯
矯正 マウスピース
矯正 歯
矯正 英語
矯正 意味
検索するには Enter キーを押します。

Yahoo!

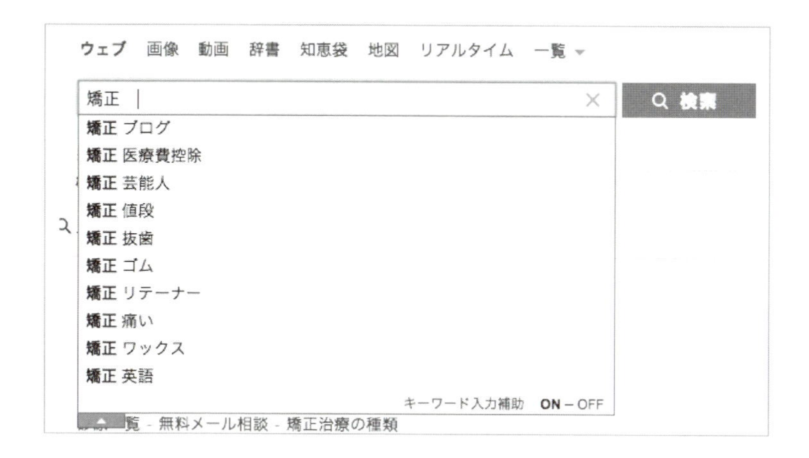

各検索結果の10キーワードのうち、GoogleとYahoo!でかぶっているもの、即ち需要の高いものをピックアップします。

このとき、ビジネスと関係の無いものは排除しておきます。例えば「矯正　英語」は英単語を調べたい人が使ったキーワードなので排除します。

ここでは、「痛い」「抜歯」この2つがかぶっているキーワードです。「"痛くない矯正"に需要があるのかな？」という仮説が立ちます。

かぶってはいないれけれど類語がある「値段」や「期間」も人気のあるキーワードだと推測できます。

そこで、「"痛くない矯正"に需要があるのかな？」から一歩進んで、「"痛くなくて短期間で安い矯正"が一番検索需要が高いのか？」という仮説を立ててみました。

仮説からさらに訴求ポイントを探る

ここでもう一度サジェストです。Googleで「矯正　痛い」と検索しました

（Yahoo! は「痛い」と入れても次のキーワードが出なかったため）。

Googleで「矯正　痛い」と検索

Google　矯正　痛い　食事

矯正 痛い 食事
矯正 痛い 寝れない
矯正 痛い 理由
矯正 痛み ワイヤー
矯正 痛い ご飯
矯正 痛い 口内炎
矯正 痛い 動いてる
矯正 痛い ゴム

サジェストから、矯正を既に付けている人に様々な悩みがあるのが見て取れます。私は歯科矯正をしたことが無いのでわからないのですが、どうやら「食事」「寝れない」などのキーワードには、「食事をしているときに痛みがある」「動いちゃう人もいる」「寝れないくらい痛い」「ワイヤーとかゴムが動いて痛い」といった悩みが詰まっているようです。

検索結果を見る

サジェストを見終わったら、検索結果の上位TOP10を見てみましょう。検索結果の1位～10位は以下のようになりました（時期によって変動します）。

「矯正　痛い」の検索結果

1位　歯科矯正の痛みについて知っておきたい4項目

2位　94%の人が感じる歯科矯正の痛み / その原因と対処法

3位　歯科矯正“あるある”が切ない - NAVER まとめ

4位 歯列矯正が痛くて痛くて… - デンタルケア 解決済 | 教えて！

5位 痛くない矯正｜ファイン矯正歯科

6位 ドキュメンタリー矯正治療 / ステップ7 - ひるま矯正歯科

7位 歯列矯正に立ちはだかる"痛みの壁"を考える！矯正豆知識 ...

8位 矯正治療の痛みってどんな痛み？体験記

9位 裏側矯正と3つの痛み - SYNC横浜元町矯正歯科

10位 矯正治療を受ける方が是非知っていた方が良い事 - So-net

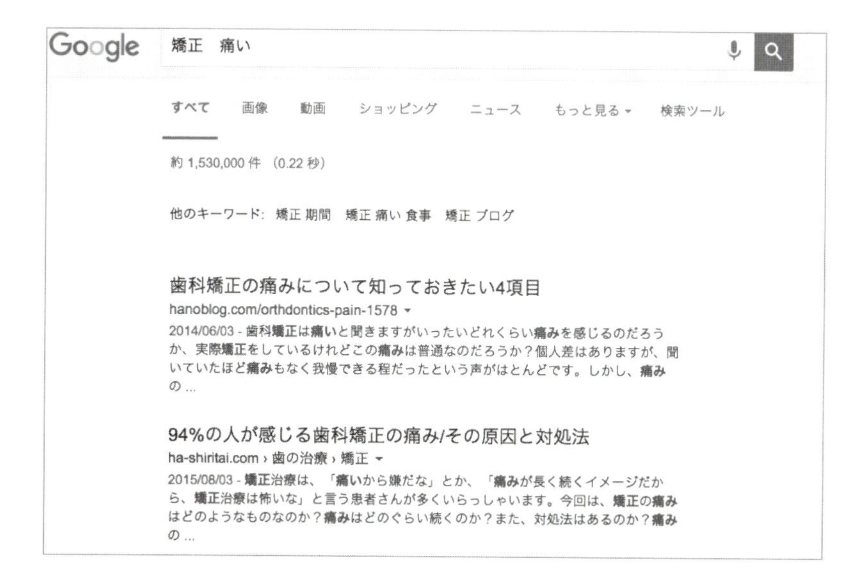

昔はリンクを買えば、検索結果の上位に表示された時代もありますが、今はそんな時代ではありません。今のGoogle検索はユーザーの支持を得ているコンテンツを上位に表示するようになっているので、90%くらいはこの検索結果のTOP10がユーザーの求めているコンテンツだと信じて大丈夫です。

検索結果から「矯正　痛い」と検索する人が、何を求めているかのニーズがつかめます。

これを見ると、既に矯正器具を付けている人に対する付け直しなどの需要がありそうですね。

また同時に、これから矯正を検討している人でも、「矯正」と入力すれば「痛い」と出てくるので、ほぼこういったページは見ていると思っていいでしょう。

では、これから矯正をはじめる人は、こういう悩みを持っていると考えられませんか？

このようにして、サジェストツールからターゲットのニーズを洗い出していきましょう。

ここまでくれば、もう十分にWebサイトに何を入れればいいのか、明確ですよね。こういう悩みがある人に対して、コンテンツを置いてあげることです。

気を付けてほしいのは**「売る」のではなく、解決策を提示してどういう変化が起きるのかを明確にする**ことが大事だということです。

この方法は、やればやるほどコツがわかってきて精度が上がるので、もっともっとやってみてください。本当の悩みを、核心を見つけるのです。

サジェストや関連キーワードでの調査をするときの注意点

数年前から膨大なトラフィックを送ってサジェストに表示させるスパムが横行しています。サジェストや関連キーワードの使用にはこの点に注意しましょう。

スパムの見分け方は比較的簡単で、無名な企業がサジェスト枠に表示されていた場合や不自然なキーワードがサジェストに表示されていた場合はほとんどスパムだと思って大丈夫です。

「不自然なキーワード」とは例えば「不動産投資」などで検索したときに、サジェストに「不動産投資　なら新宿Ｆ不動産」と表示された場合などは、怪しいと思って注意しましょう。

サジェストは検索数の多いキーワードや検索伸び率の高いキーワードが表示されます。こういった性質を悪用して、システムで大量に検索し、強引に社名やサービス名などを表示させるスパム行為が存在しているのです。

このような不自然なキーワードは鵜呑みにしないようにリサーチを進めていきましょう。

Section 02-04

ネット検索でターゲットニーズをリサーチする方法

あらゆる方法でニーズを掴む

サジェストツール以外にもニーズを掴む方法がありますのでご紹介します。

■Amazonを見る

自社ビジネスに関連する書籍で一番売れている本やそのレビューを見ましょう。レビューには良かった点や悪かった点などが書かれているので、参考になります。

また、売れ筋上位の書籍のタイトルはユーザーのニーズを上手く捉えたものが多いので、そちらも参考にしましょう。

■口コミサイトを見る

化粧品なら@ コスメ、飲食なら食べログ、美容ならホットペッパーのように、口コミサイトからユーザーのニーズ（時にはクレーム）を把握する方法です。

■Yahoo!リアルタイム検索を見る

Yahoo!リアルタイム検索はTwitterやFacebookのコメントを検索できます。対象キーワードを入れて、ターゲットがどんなことをつぶやいているのか見てみましょう。

■Googleキーワードツールを見る

Google Adwordsから提供されているキーワードツールを使うと、キーワードの月間平均検索数や広告を出稿したときの予想クリック単価など様々な情報を見ることができます。

特に月間平均検索数は、実際に検索されているキーワードを見ることができるので、非常に参考になります。

　このツールは無料で使えますが、よく仕様が変更されたりするので、使い方を解説したブログなどを参考にしながら進めてください。

■Googleトレンドを見る

　Googleトレンドでは過去の検索の推移が確認できます。検索需要がどのように推移しているか確認したいときに参考にしましょう。

Google トレンド | https://trends.google.co.jp/trends/

■Google Search Console（グーグルサーチコンソール）を見る

　あなたのサイトに既に検索エンジンからの流入があるのであれば、このツールを確認しましょう。

　特に、どんなキーワードで上位表示されているのか（人々の役に立つコンテンツが上位表示されているのならば、そのページのライティングは参考になります）、またどのタイトルのクリック率がいいのかなどが参考になります。ツールの使い方は195ページも参考にしてください。

お金をかけて調査する

　リサーチ会社やアンケート会社に頼んでアンケートを収集する方法です。またネット上で既に収集したアンケートを売っているところもあります。アンケートを取る際は、アンケートの収集方法に注意しましょう。アテにならないものも多いので要注意です。

　訪日旅行客や世帯収入などは総務省の統計データなどの役所のデータが役に立ちますが、これらも同じく何を基準に収集しているのかは注意しましょう。アンケート収集会社へは、ターゲットの年齢・性別・職業・地域などを指定するようにします。アンケート回収件数もコミットしてもらえるところもあります。

Section 02-05 3C分析とは

3C分析って何？

3C分析の「3C」は、以下の3つの頭文字からできています。

Customer：市場／顧客
Competitor：競合
Company：自社

ビジネスでよく使われるフレームワークです。

3C分析に関して、私は「カイロスのマーケティングブログ」の下記の記事を参考手順としています。素晴らしくよくまとめられていて、かつ簡潔にわかりやすい記事なので、是非参考にしてみてください。

カイロスのマーケティングブログ：3C分析の概要と3C分析のやり方
https://blog.kairosmarketing.net/marketing-strategy/3c-analysis/

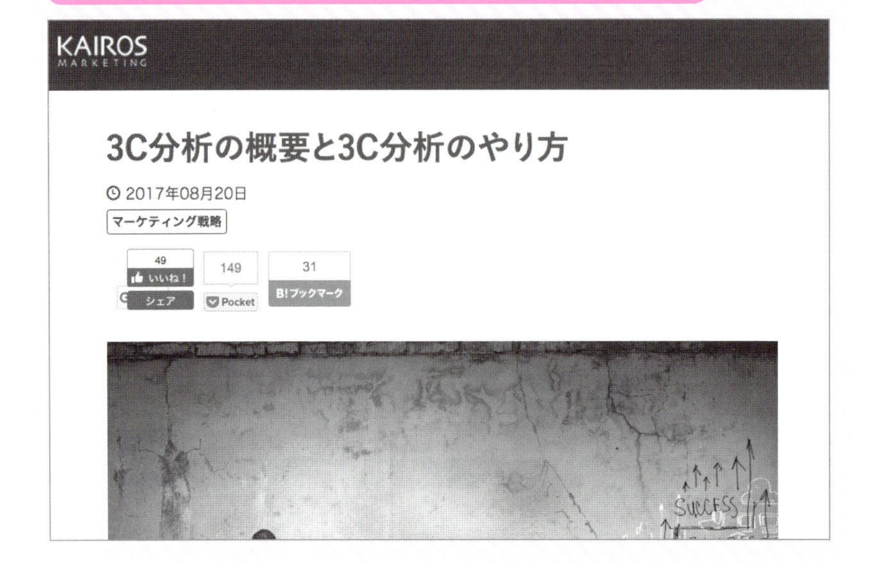

「市場」の分析と使用するフレームワークについて

次節から3C分析をはじめていきます。まずはじめに着手するのが「市場と顧客」の分析です。この「市場と顧客」分析は少しややこしいので、「市場と顧客」の分析の全体像を説明しておきます。市場を分析するときは、「マクロ分析」と「ミクロ分析」を行います。

「マクロ」とは法改正や景気変動などの大きな社会的変化のことで、「ミクロ」とはあなたの「業界」に関することです。
つまり、市場を分析するには「社会的変化と業界」を両論併記的に見ていかなければ適切に評価できないと言うことです。

そしてここからまたさらにややこしくなるのですが、一般的に「マクロ分析」には「PEST分析」というフレームワークを使い、「ミクロ分析」には「ファイブフォース分析」というフレームワークを使います。
ちょっと良く分からなくなってきましたね……。図にして、整理しておきましょう。

		使用するフレームワーク
市場と顧客 Customer	マクロ分析（社会全体） ⇐	PEST分析
	ミクロ分析（業界全体） ⇐	ファイブフォース分析
	顧客分析 ⇐	アンケートやヒアリング
競合分析 Competitor	競合調査シートの活用	
自社分析 Company	「市場と顧客分析」と「競合分析」の結果から洗い出す	

Section 02-06

3C分析その①「市場と顧客分析」

PEST分析でマクロ（社会全体）を分析する

それでは「市場分析」の1つめ、マクロ分析を行いましょう。37ページの図を下に示すと太く囲まれた部分です。前述の通りマクロ分析には「PEST」という分析フレームワークを使います。

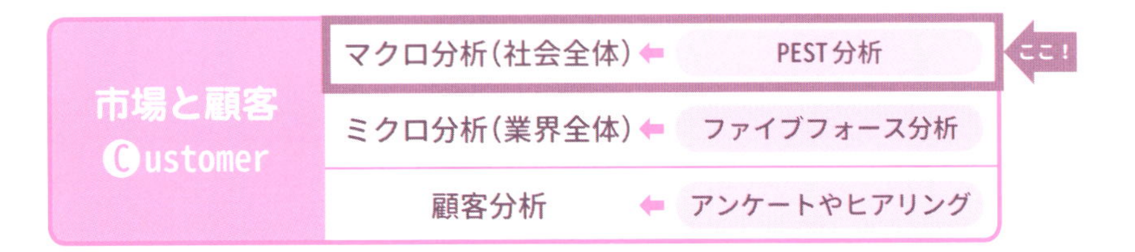

次ページの図を見てください。この図のように

1. 政治的環境要因
2. 経済的環境要因
3. 社会的環境要因
4. 技術的環境要因

といった外的要因といわれるものを列挙し、あなたの会社に与える影響を書き出していきます。そして、現在と将来、外的要因によって自社にどのような影響があるかを分析します。

このようにPEST分析では、自社を取り巻く環境のうち、社会的要因についてを分析していきます。

現在の環境を整理することで、今後の打ち手や商品をプロモーションするうえでの訴求の参考にします。

❶ 政治的環境要因

例）・政権の交代
・法改正
・補助金
・雇用関連法案

自社に与える影響

例）法律事務所
弁護士法の改定によって、弁護士の採用がしやすくなった

❷ 経済的環境要因

例）・消費増税
・金融規制緩和
・TPP
・軽減税率

自社に与える影響

例）輸入販売業
円安によって商品の輸入単価が高騰している

❸ 社会的環境要因

例）・人工の増減
・世論、世間の関心、流行、業界へのイメージ
・教育制度など

自社に与える影響

例）中古パソコン販売業
スマートフォンの普及により、個人でパソコンを買う人が少なくなっている

❹ 技術的環境要因

例）・新技術の登場
・代参技術／自動化など
・特許

自社に与える影響

例）コールセンター
チャットボットの登場により、簡単なFAQなどは代替されはじめている

ファイブフォース分析でミクロ（自社の業界）を分析する

マクロ分析が終わったら、次はミクロ分析です。つまり、「大きな社会的要因を見たら、次は業界を見てみましょう」ということです。

社会的要因は、そのまま業界全体に影響を及ぼします。

例えば「少子高齢化という社会要因によって訪問介護の競合が増えた」といったように、業界に及ぼしている影響の多くは社会的要因に起因するものです。

前述の通りミクロ分析には「ファイブフォース」という分析フレームワークを使います。

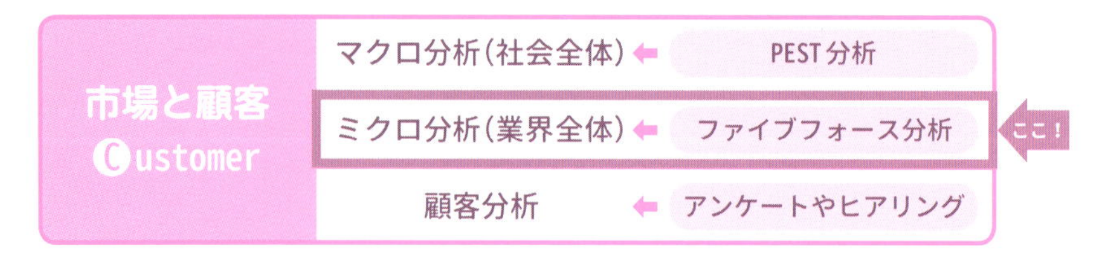

ファイブフォース分析は、以下の５つの項目を分析します。

① 買い手の交渉力
② 供給企業の交渉力
③ 新規参入業者
④ 代替品の脅威
⑤ 競争関係

これらは一般的に経営計画や経営戦略を策定する際に使われるフレームワークですが、今回はランディングページの制作で使用するので、商品やサービス単位でこれらの項目を埋めていって頂ければと思います。では、１つずつ解説します。

■ファイブフォース分析① 買い手の交渉力

あなたの商品の買い手は、あなたに対してどれ程の交渉力を持っていますか？

例えば、あなたの商品を切り替えるコストは高いほうが、あなたの立場が強いことになります。

また、価格交渉に関してはどうでしょうか。顧客はかなり値切ってくるのか、それとも「安い！」と言って買うのか。買い手の強さを書出してみましょう。

■ファイブフォース分析② 供給企業の交渉力

買い手の交渉力と真逆の、あなたの(会社または商品の)強さです。

差別化ができている商品か、プレイヤーの数は多いか少ないか、仕入れ価格を抑えるだけの購買ボリュームはあるかなど、「顧客とあなた」「仕入先とあなた」

などの強さを書出してみましょう。

■ファイブフォース分析③ 新規参入業者

あなたの商品を他社が販売するときの参入障壁はどれほどでしょうか。また参入してきたとして、あなたの会社のブランド認知度や必要な資本、経験や専門知識などの観点から新規参入社に対する自社の強さを書出してみましょう。

■ファイブフォース分析④ 代替品の脅威

代替品の価格や差別化、新しいテクノロジーによっては競合とも思っていなかった会社が競合する可能性もあります。また代替製品が出たときの切り替えコストから、自社の商品がどれほど優位に立てるかを考えてみましょう。

■ファイブフォース分析⑤ 競争関係

競合している企業の数や業界の成長率・成長可能性、自社のブランド認知度、透過している資本・技術・広告費などから競争状態を評価してみましょう。

顧客を分析する

「市場と顧客」分析の最後は顧客の分析です。

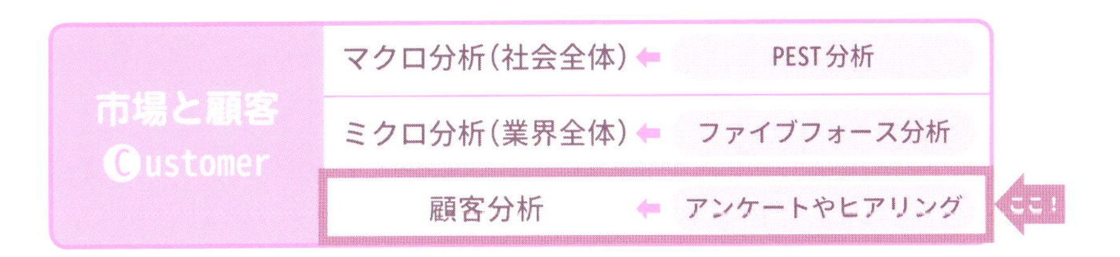

「顧客」のニーズについては26ページからの「ターゲットニーズリサーチ」で完了していますが、3C分析の顧客分析においては、「過去と現在の顧客の変化」について調べてみましょう。例えば、商品に求めるニーズの変化やスマートフォンの普及による注文方法の変化などです。

Section
02-07

3C分析その②「競合分析」と競合チェックシート

競合分析はWeb上で勝つ為の項目だけで良い

「カイロスのマーケティングブログ」には、このように書いてあります。

> 競合分析では、競合が市場の変化に対してどのように対応しているかを知る事が目的です。3C分析の競合分析では、競合企業のビジネスの結果と、その結果を導きだした理由の二点に絞り分析を進めます。
>
> 競合企業のビジネスの結果は、結果そのものと結果を出したリソースに着目します。結果そのものでは、競合企業の売上げや営業利益（率）、コスト、広告宣伝費を含む販売管理費用に着目します。言い換えれば、競合企業はビジネスとしての結果をどれくらい大きく出したかにあたります。
>
> カイロスのマーケティングブログ：3C分析の概要と3C分析のやり方
> (https://blog.kairosmarketing.net/marketing-strategy/3c-analysis/)

競合会社の「ビジネスの結果」と「その結果を出せた理由」を分析せよということですね。

これは決算書などを見ればわかる部分もありますが、わからない部分も多々あります。特に、ランディングページを制作する場合において「これらを完璧に出せ」というのは難しい話です。

そこで、競合分析はWeb上で勝つための項目に絞り込みます。

儲かっていそうなポイントから見ていく

例えば「最近、(競合会社が) こういう新事業を始めている」ということは知っていても、結果に関してはわかりません。好調に見えても実は儲かっていないことはよくあります。

ですので、まずは「絶対儲かってるだろうな」と思える競合の行動をピックアップし、「その結果を出せた理由」を分析しましょう。

売り上げの利益がわからない場合は、総売上をあてておきましょう。つまり数多くある売り上げ要因の中の一つとして考えておくということです。

競合他社チェックシートを作る

本書の読者であるあなたのビジネスの舞台はWebのはずなので、Web独特のリサーチもします。分析結果を「競合チェックシート」にまとめるという手法です。

まず、競合のサイトをチェックして、以下のように競合商品やサービスのリストを作成します。これは、業種業態によって様々です。

競合がやっていることリスト（C向けの例）

送料無料／メルマガ限定キャンペーン／選び放題／20% OFFクーポン／シューズ無料／ブーケ無料／アクセサリー無料／クリーニング代サービス／ヘアメイク無料／出張サービス

競合がやっていることリスト（B向けの例）

無料分析／レポート提出／修正し放題／コンサルティング／30日無料お試し／デモアカウントの発行／解約料0円／24時間対応

ではこれを使って「競合チェックシート」を作っていきましょう。まず表を作り、縦軸に競合サイトの名前を記入するかキャプチャーを貼っておきましょう。

A社					
B社					
C社					
あなた					

❶ 縦軸に競合を書き込みます

横軸に先ほど書き出した「やっていることリスト」の項目を書き並べます。同じことをやっている会社には○を付けてチェックしておきます。

❷やっていることを横軸に書き込みます

	送料無料	メルマガ限定キャンペーン	選び放題	20% OFF クーポン	シューズ無料
A社	○	○		○	
B社	○			○	○
C社	○	○	○		○
あなた		○	○		○

ブーケ無料	アクセサリー無料	クリーニング代サービス	ヘアメイク無料	出張サービス
○	○		○	
○			○	○
○	○	○		
	○	○		○

次に、競合のスペックも書き出してみましょう。

売上げ1億未満／売上げ3億以上／売上げ5億以上／売上げ10億以上／資本金300万／資本金1000万以上／従業員数10名前後／従業員数30名前後／従業員数50名以上／従業員数100名以上／上場／未上場／投資／家の有無　…など

できたら、これを次ページの表のように、縦に書き足します。

これで「競合チェックシート」の完成です。このようにすると、競合がどんな施策をやっているのか、どこに隙間があるのか、あなたが取るべきポジションが見えてきます。「分析めんどくさいな～」なんて思わずにやってみましょう。

ターゲットのニーズをつかみ、競合の穴を見つけるのです。意外と楽しい作業ですよ。

	送料無料	メルマガ限定 キャンペーン	選び放題	20% OFF クーポン	シューズ無料
A社 売上1億未満 資本金： 従業員20名	○	○	○		
B社 売上3億以上 資本金： 従業員50名	○		○	○	○
C社 売上10億 資本金： 従業員10名	○	○		○	○
あなた 売上5億 資本金： 従業員5名		○		○	○

③競合のスペックを書き込みます

表面からは見えない部分の分析も忘れずに

端的に言うと、競合サービスを受けたり、買ったりしてみましょう。

そのときのサポート体制、商品到着までの時間、梱包はどうか、御礼の手紙が入っていたりしないか、QRコード付きの手紙が届いてスマートフォンサイトへの誘導があるか、などを細かくチェックしてみると勉強になる部分は多いです。

メルマガや会報の発行などをやっている場合は、積極的に取得してください。

極端な話、全部の競合の悪い所は取り入れずに、いいとこだけを全て真似ただけで、相当いいサービスが作れますよね。そこから更に、自社サービスやサイトをブラッシュアップしていくこともできるはずです。

Section 02-08

3C分析その③「自社または商品分析」

自社分析は完了しているはず

「市場と顧客」「競合」の分析を終えました。最後は自社分析ですが、実はこれも既に完了しています。

市場と競合をまとめる際に、今あなたがどのポジションにいるのかを考えたり、比較したと思います。それが自社（または商品）の分析です。

ここまでの3C分析で、既に自社の強みや弱み、空いているポジションが明確になっていると思うので、今のポジションと今後攻めていくポジションを書き出してみましょう。

3C分析まとめ

3C分析を図でおさらいしておきましょう。

市場と顧客
・PEST分析
・ファイブフォース分析
・ターゲットリサーチ

競合
・競合チェックシート
・競合分析（商品の購入など）
・結果と要因の確認

自社または商品分析
・市場／競合分析の結果と自社の差分
・自社（または商品）の現在のポジション

成功要因（KSF）
・これらの分析で得た自社の目指すべきポジション
・競合の穴

分析を進めていくと、いろいろとアイデアが思い浮かんできます。
「ここが空いているポジションだな」とか「これはまだ誰もやっていないな」というふうに、新しい事業や方向性が見えてきます。

あなたの会社にとって近い将来一番脅威になりえることを対策しつつ、攻めるアイデアも同時に進めていきましょう。脅威を排除しつつ、飛躍していくイメージです。

マーケティングは戦略8割、実行2割

3C分析の作成は大変ですが、一度分析をしておくと2度目以降は前回のフォーマットに修正を加えればいいだけになるので、是非がんばって作成してください。

これからのWebプロモーションを行っていくうえで頭がスッキリし、自分の目指すべき場所もハッキリしてきます。正直ここまでやればサイトの打ち出しやコンセプトに悩むことはなくなるでしょう。

マーケティングは戦略８割、実行２割です。施策が決定してしまえばあとはただやるだけなので難しいことはありません。また、この分析をしたあなたは、Webサイトのコピーライティングや施策のアイデアが既に思い浮かんでいるでしょう。

Section
02-09

ペルソナは内面がとくに大事

ペルソナを作ろう

ここまでのリサーチを元に、最後の仕上げとして「ペルソナ」を作ります。

ペルソナとは、あなたのサービスの顧客になる架空の人物です。ペルソナを細かく設定することにより、ユーザーの気持ちを深く想像できるようになります。

ペルソナを作る２つの観点

ペルソナは外と内、２つの側面から作ります。

観点１．外面に関すること
観点２．内面に関すること

「外面」の要素

まず、「観点１　外面」を考えます。外面は、ペルソナの数値的なプロフールや属しているコミュニティです。具体的には、主に以下のような要素です。

- 年齢
- 職業
- 年収
- 住んでいる地域

「内面」の要素

「観点２　内面」はペルソナの内部要素です。具体的には、主に以下のような要素を考えてみましょう。

- 抱えている悩み
- どうなりたいと思っているか
- キッカケ

ペルソナの例

では実際に作ってみたペルソナを紹介します。BtoBとBtoCで少し項目が違うので、ご自分のビジネスに合った方の例を参考にしてください。

ペルソナ 実例 BtoC（個人顧客相手のビジネスの場合）

名前	吉川 ひなこ
年齢	３０
性別	女
職業	歯科衛生士
役職	×
年商	×
既婚・未婚	独身
同居家族	×
地域	東京都　立川市
住居	１Kマンション
年収	320万
主要SNS	Facebook,Instagram

いつどこでなんと検索した？
平日の夜、会社からの帰宅後に自宅のソファーでスマホ検索 “しわ用　ケア”
その商品を買ってユーザーはどんな状態になりたい？ ユーザーが求めるベネフィット
自分に一番自信がもてた20歳前後の顔に戻りたい！
そもそも商品を購入しようと思ったストーリー /理由/きっかけは？
職場の食事会で年齢の話題があり、周囲から「もう若くない」と認識されていることを知った。30歳でキレイな女性はメディアやSNSでいくらでもいるので、自分も今すぐ対策すると決めた。
この人はなぜその商品を今買わない？なぜ今持っていない？？その理由は？
年齢のことを過敏に気にする性格ではなく、エイジングケアなども特別意識していなかった。美容液やエステなど、エイジングケアに関連する商品は高額なイメージがある。
この人が商品を購入する意思決定に重要な要素は？
本当に結果が出ると自分自身が確信できるかどうか。 美容関連の広告はあまり信用できないので、レビューやブログなどの評価が良いこと。 同様の理由から、一般利用者がSNSなどで結果を報告していること。
どんな生活をしている人？
独身。勤務時間は10時～20時。平日はまっすぐ帰宅することが多いが、週に２回程度は友人と食事に出かける。休日の過ごし方はインドア派で、映画や海外ドラマなどを観ながら過ごすことが多い。結婚願望はあるが、積極的な婚活などは行っていない。

ペルソナ 実例 BtoB（法人顧客相手のビジネスの場合）

名前	迫町わたる
年齢	３９
性別	代表取締役
職業	IT関連会社
役職	東京
年商	1億
既婚・未婚	既婚
同居家族	妻
地域	東京
住居	戸建（持ち家）
年収	500万
主要SNS	Facebook

いつどこでなんと検索した？

土曜日の夜、会食後の電車移動中にスマホで検索
“営業　効率　ツール”

その商品を買ってユーザーはどんな状態になりたい？ ユーザーが求めるベネフィット

現場のマネジメントにリソースを取られず、CEOらしい仕事に集中できる環境が欲しい

そもそも商品を購入しようと思ったストーリー /理由/きっかけは？

付き合いの長い経営者と食事をしていた際に効率化の重要性を聞き、導入のモチベーションが上がる。
近ごろ従業員が残業時間や業務効率について不満を持っているという話を聞いていた。

この人はなぜその商品を今買わない？なぜ今持っていない？？その理由は？

難しいことを考えるのは得意ではないので先延ばしにしていた。
ツールを導入しても覚えるのが億劫で、現場でも面倒がられて定着すると思えない。
信頼できるサービスで、成果が明確に見えるものに出会ったことがない。

この人が商品を購入する意思決定に重要な要素は？

友人・知人から直接聞いたレビューが良好であること。
デモアカウントもしくは無料期間に操作感などを確認し、自社でも使いこなせると確信できること。導入後の売上向上・従業員の負担軽減がイメージできるかどうか。

どんな生活をしている人？

結婚１年。子供なし。昨年都内に戸建を購入。
会食などで遅くなる日は少なく、基本的に20時～21時には帰宅する。休日は妻と２人で遠出することも多く、基本的に休日に仕事はしたくない。

詳細すぎると思ったかもしれませんが、ペルソナの設定はこれくらい細かくする必要があります。
これらのペルソナ例を参考に、あなたのターゲットの人物像を浮かび上がらせてください。

内面的な要素が大事

このようなペルソナを作っておくと、セールスの方向性や広告のコピーをどんなものにすればクリックされるのか、興味を持って読んでくれるのかのアイデアが自然と思い浮かんできます。
このアイデアでペルソナは検索してくれるのか、興味を持ってくれるのかをリアルに考えることができるからです。

事業をしている人は、既存の顧客データから自社製品のターゲットがすぐに浮かんできますが「30歳の女性向け」くらいではペルソナとして弱いと言えます。
その30歳の女性が「なんというキーワードで検索しているのか」「どういう気持で検索しているのか」といったところまで深掘りをしなくてはいけません。

ペルソナというと年齢や性別、職業等のなど外面的なことを重視してしまいがちですが、Webページで物を販売するときにはこのように「何に悩んでいて」「どうなりたくて」「いつ、なんて検索したか」といった状況の方が重要です。

■ペルソナの細かいニーズの見つけ方

このようなペルソナの細かいニーズや「ペルソナがいったいどんなキーワードで検索しているか」などの細かい設定を考えるときも、既存のお客さんに話を聞きましょう。

どうやって自社を知ったのか、どんなことがして欲しいのか等深く聞いてほしいと思います。

お客さんに聞くことが難しい場合や、まだ顧客がいない場合は本Partで解説したネットツールを使ったターゲットのニーズを掴む方法を試してみてください。お客さんからリサーチできる場合は、補足的に利用すると良いでしょう。

Part 3

マーケティングの軸「ランディングページの最適化」

Section 03-01 人々が行動を起こすWebサイトとは

「人々が行動を起こすWebサイト」を作ろう

いよいよ、本Partではランディングページの作成に入ります。ランディングページとは「着地のページ」でした。ランディングページは「人々が行動を起こすWebサイト」でなければなりません。ここでいう行動とは——

●購入　●登録　●問い合わせ　●資料請求

などのゴールを指します。

こういった行動を消費者に起こしてもらいたいなら、Webサイトは以下の４つの条件を満たしていなければなりません。

❶ユーザーの得られる結果を提示する
❷ユーザーの得られる体験を提示する
❸なぜ必要なのかを訴えかける
❹今すぐ買う理由を訴えかける

この４条件が「人々が行動を起こす（起こしたくなる）Webサイト」です。この全ての条件を満たしたランディングページを作っていきましょう。ポイントは「あなたの伝えたいメッセージではない」ということです。

「ユーザーの欲しいもの、知りたいこと」を伝えなければなりません。この４つの条件を伝えるための鉄板の型があるのですが、これを本章で解説します。

「人々が行動を起こす気がなくなるWebサイト」の例

「そんなの当たり前じゃないか」と思われるかもしれませんが、意外に皆さんやってしまっているのです。次ページ図は「人々が行動を起こすWebサイト」とは真逆のWebページです。ぱっと見はよくある普通のサイトではないでしょうか。

しかし、よく見ると全てのパーツがサイト側の都合で作られているのがわかります。それっぽく作っているつもりでも、ユーザーの気持ちがまったくわかっていないのです。

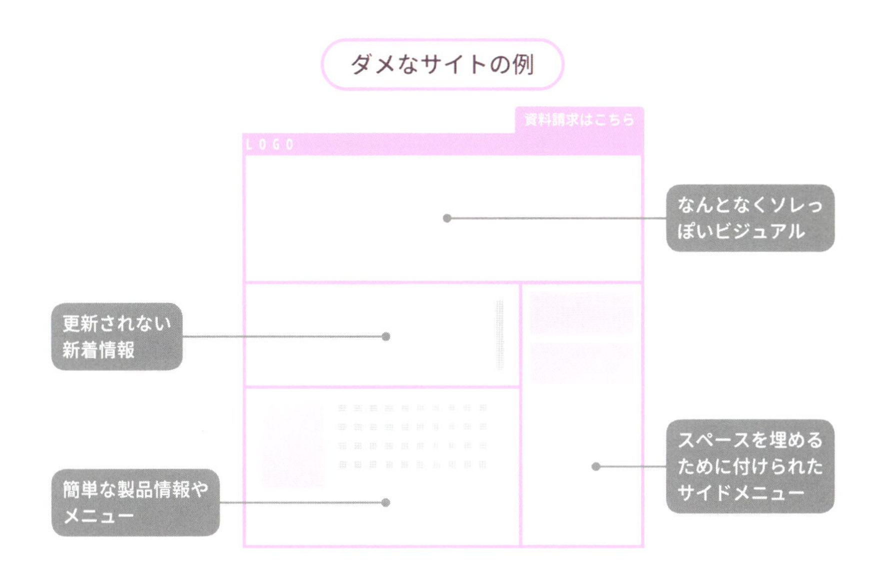

人の欲しがるものを置こう

プロの歌手は、自分の歌いたい歌はアルバムで披露します。シングルは大衆受けをするもの、つまりみんなの望んでいるものを作り、ファンを集め、そしてアルバムで自分たちの好きな音楽をやっています。プロの書き手は「みんなの知りたいことやほしい情報」を書きます（知名度がある場合などの例外を除いて）。

自分の言いたいことは抑えて、みんなの欲しがるものを書くのです。

それなのにWebサイトは、商品のスペックについてしか書いていないサイトが非常に多く、お客様目線で作られていないケースが目立ちます。

「あなたはこれを使うとこうなりますよ」「こんな悩みが解決しますよ」「友達に羨ましがられますよ」「収入が増えて時間に自由になりますよ」このように顧客が得たい変化に関するメッセージを込めたサイト作りを行いましょう。

Section
03-02

縦長ランディングページの強み

縦長ランディングページとは

大きく分けて、ランディングページの制作には２つの型を使います。縦長か、サイト型かです。まずは縦長ランディングページを見てみましょう。ランディングページと言えば、この形を想像する人も多いでしょう。

縦長ランディングページの例　www.fwh-landingpage.com/

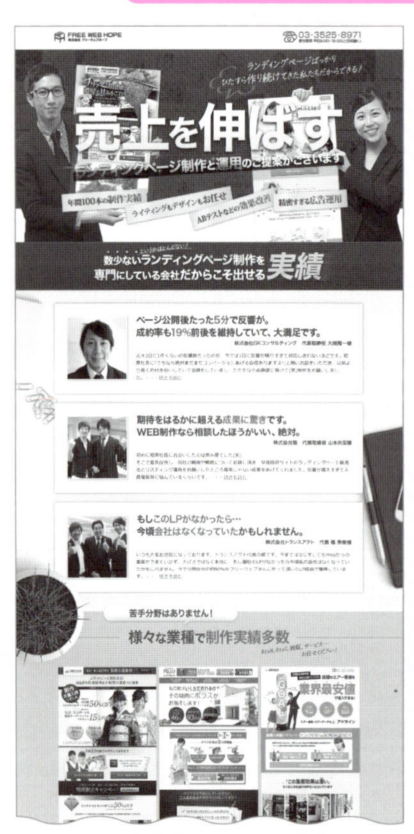

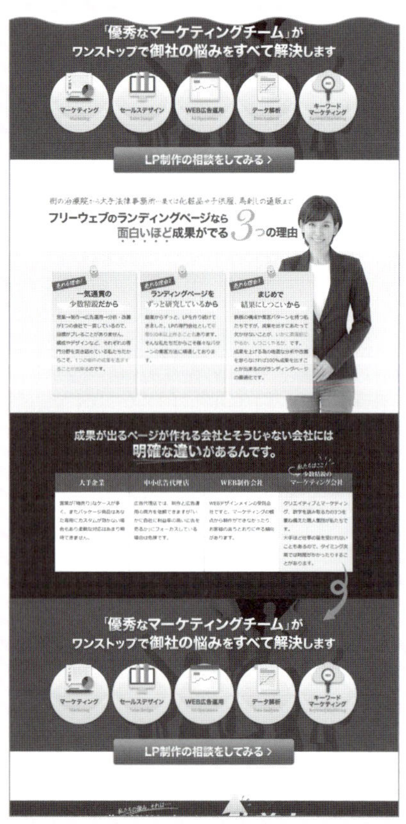

もし「ランディングページを見たことが無い」という人がいたら、前ページのURLを入力して実物を見てみてください。これは、私の会社の「ランディングページ制作」のランディングページです。

このように縦長でスクロールして読んでもらう形のランディングページを「縦長ランディングページ」と呼びます。一般的にランディングページと言えば、こちらを指すことが多いでしょう。

縦長ランディングページは「顧客の得られる変化」「商品のメリットや強み・差別化」「他に使っている人の情報」などの要素をストーリーだてて1ページで訴求します。なので、今すぐに商品をほしいと思っている、ニーズが顕在化しているユーザーに対して強い訴求力を発揮します。

シンプルな集客経路でユーザーにダイレクトに訴求する

縦長ランディングページの集客経路は、ほとんど広告からです。具体的には、以下のようなところから集客します。

- PPC広告（検索広告やSNS広告）
- アフィリエイト広告
- メルマガ

ランディングページは基本的に顕在ニーズに強いので、能動的に検索している「検索広告」などで強みを発揮します。

ただし、ニーズが顕在化していないと使えないのかというとそうでもありません。潜在的なニーズでも、根源的な欲求を刺激するものにも強いです。人々に常にある欲求やニーズです。例えば、次のようなものが挙げられます。

- ダイエット
- 健康
- （家事でも仕事でも）効率化
- 薄毛
- 異性にモテたい
- お金儲け
- 出世したい

このような「人が常に持つ欲求やニーズ」に訴求する場合は能動的な検索広告ではなく受動的なSNS（FacebookやTwitter）広告でも効果が見込めます。

既に購買意欲が高まっているユーザーとは

ランディングページは、使い所を間違えると全く成果の出ないページを作り上げてしまい、時間もお金も無駄になるので、もう少し見ていきましょう。

前述の通り、ランディングページは「○○が欲しいから検索してみよう！」といったニーズに絞り込んで、既に購買意欲が高まっているユーザーにダイレクトに訴求することを得意としています。

「既に購買意欲が高まっているユーザー」とは、例えば「スムージーダイエットって痩せるらしいから、私もやってみたいな」という具体的な動機を持つユーザーです。縦長ランディングページは、このタイプのユーザーに訴求するのが得意です。

逆に訴求しづらいユーザーは「最近スムージーとかいうのをよく聞くなぁ。でも、スムージーって何だろう？」という購入から少し遠いユーザーです。

次ページのスムージーダイエットのユーザーの行動図で言うと、活動②の段階ではなく、活動③の段階の購買意欲の高いユーザーに漏れ無く購入してもらうのが得意です。

縦長ランディングページはユーザーを長期間に渡って教育することには向いていません。購入意欲のあるユーザーに対して「今買わなきゃいけない理由」を教育して購入に繋げるのです。

縦長ランディングページのデメリット

デメリットとしては、既にニーズが顕在化しているユーザーなので、潜在層よりも数が少なく、また顕在層へのリーチは競争が激しいところです。

商品というのは、実際に買う人の数より、買う前に調べている人の数の方が圧倒的に多いので、最後の最後の部分は大抵激戦区になってしまいます。

ですが縦長ランディングページには、最も構築のスピードが早く、最も早くお金に変えることができるうえに、最も早くWebページの良し悪し（訴求の良し悪し）を判断できるというメリットがあります。

また、縦長１ページなので、訴求方法による購入率の違いを見ることにも長けています。例えば基礎化粧品を売っているとして、シミ訴求とシワ訴求とすっぴん訴求と…このように訴求軸を変えて、最も反応率の高い訴求を見つけるなどのWebテストのサイクルを早く回せるので、勝ちパターンを見出すことで勝率はぐんとアップします。激戦区でもアイデア次第で高いコンバージョンを獲得できるのです。

Section 03-03

サイト型ランディングページの強み

サイト型ランディングページとは

続いては「サイト型ランディングページ」です。名前の通り、一見普通のWebサイトのように見えますが、コンテンツ部分が縦長ランディングページと同じ考え方で作られているのが特徴です。

サイト型ランディングページの例　http://free-web-hope.com/

こちらも、URLを入力して実物を見てみてください。

最近では1カラムでTOPページがランディングページのようになっているWebサイトも増えてきました。必ずしも2カラムや3カラムなどのWebサイトでなくてもOKです。

コンテンツが充実しているので、サイト型ランディングページは、一見ブログなどのメディアと似ているように感じますが、売り気が強いので、クロージングが得意ということには変わりません。

広告ではない検索エンジンからの集客も可能！

● 検索結果（SEO）からの流入　● 広告　● メルマガ

などからの集客が可能です。もちろん縦長ランディングページと同じく、広告やSEO・ソーシャルからの流入も可能です。

「SEOもできるならこっちの方がいい！」と考えるかもしれませんが、お金になるまでのスピードを考えると縦長ランディングページの方が断然早いです。

サイト型は作る時間もかかりますし、SEO対策は時間が必要です。両方を作りたい場合は、まずは縦長ランディングページを作り、その後サイト型ランディングページを作るのがよいでしょう。SEOで集客できるようになると、中長期で見て広告費削減につながります。

2つの型のまとめ

最後にランディングページの2つの型の特徴について、まとめておきましょう。

■縦長ランディングページの特徴

- 購買意欲のある顕在ユーザーに訴求
- 購入一直線に作られている
- テストがしやすい
- 早く作れる
- 広告からの流入

■サイト型ランディングページの特徴

- 購買意欲のある顕在ユーザーに訴求
- SEOができる
- 説明が多くなる商品に強い
- 信頼性が重要な商品に強い
- 広告流入
- 制作に時間がかかる

先に紹介したように、私の会社では2つとも作成しています。

SEO経由の問い合わせと、PPC経由の問い合わせがあるので、SEO経由の問い合わせが全体の広告費を押し下げている感じになっています。

もし今、縦長ランディングページのみで集客している場合は、サイト型でも集客をすると広告経由以外の反響が取れるようになりますので、ぜひやってみてください。

Section 03-04

ランディングページの鉄板の構成

ターゲット・ユーザーを忘れずに

いよいよ実際にランディングページを作成していきます。

構成ってどうやって作るのか、どうしたら効果を最大化できるのか、超具体的に説明するパートが始まります。

これから実践してもらう中で常に忘れてはいけないのが、ターゲット・ユーザーです。Part2でターゲットニーズリサーチをしましたね。洗い出したターゲットのことを常に考えながらランディングページを作成していきましょう。

ターゲットの気持ちを常に意識しよう

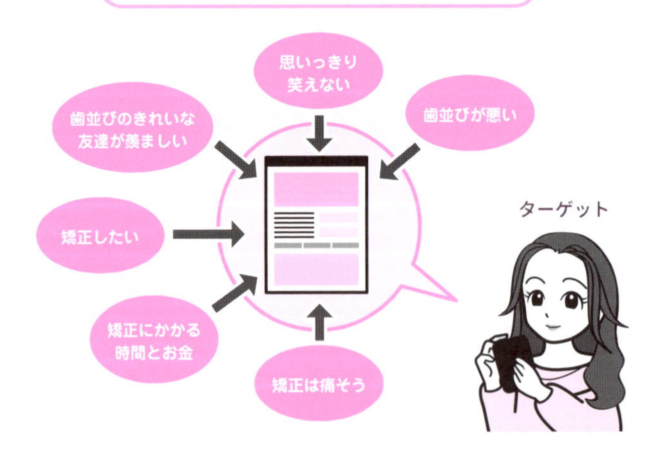

ターゲット・ユーザーはあなたのことでもある

便利でわかりやすいので「ターゲット」や「ユーザー」という表現をよく使いますが、これだけは忘れないでください。ターゲットやユーザーとは、あなたのことでもあるのです。

あなたも何かの商品のターゲットであり、ユーザーです。私もそうです。ユーザーは馬鹿じゃないです。あなたと同じように広告を広告と認識しているし、「満足度◯%なんて嘘だろ」と思っているし、たくさんある商品の中から一番いい商品を欲しいと思っています。

「こういう訴求で——」とか「こういうキャンペーンで——」とか、戦略を考えていると、たまに忘れそうになってしまいますが、Webでも商品を販売している相手は人間です。

「そんなことはわかってるよ」と言われそうですが、いつの間にか、ターゲットを人間ではなく不特定多数の"誰か"と捉えるようになっていませんか？

こうなると、本当にうまくいきません。モニターの前には人が居ます。私もこれを読んでいるあなたのことを考えて本書を執筆しています。

そうでなければ誰にも何も伝わらないんです。商品の良さも、使うべき理由も。

ここから先のテクニックを使うにあたって、必ず人間相手に商売をしているんだ、ということは忘れないでください。あなたの商品を必要としている人は…

- 何を思って検索をしているか
- 何に悩んでいるのか
- どうなればいいと思っているのか
- それに対してあなたの商品はどう問題を解決できるのか
- なぜその問題が解決できると言い切れるのか

これがマーケティングの基本です。まず、顧客を知ること、顧客のことを考えること、が大事です。

結論、ランディングページの鉄板の構成はこれ！

回りくどいことは無しに、ランディングページ鉄板構成をお伝えします。次ページをご覧ください。

この流れは阪尾 圭司氏の著書「お客のすごい集め方（ダイヤモンド社）」の中の結果・実証・信頼・安心を基本コンセプトとして、当社のランディングページの構成手法に当てはめて構築した独自の流れです。「お客のすごい集め方」は名著ですので、是非読んでみてください。

1 喚起
2 結果
3 証拠
4 共鳴
5 信頼
6 ストーリー
7 クロージング
8 PS.

1
喚起パート

基本的にユーザーはそんなにしっかりWebページを見ませんし、読みません。ファーストビューの離脱判断は3秒とも呼ばれています。まずあなたの商品を使うとどうなるのか？　ユーザーの変化を訴えかけましょう。

2
結果パート

変化を訴えかけたら、その商品が持たらす結果にフォーカスしたコピーを書きます。使うとこうなりますよ、という得られる結果・事実を伝えます。喚起パートと似ているのですが、違うものなので気をつけましょう。

3

証拠 パート

結果を先に言って「これは自分に必要なサイトだ」と判断したユーザーに次に見せるものは、その結果を実証することです。なぜその結果を得られると言い切れるのか、証拠を提示しましょう。

4

共鳴 パート

あなたの商品を使っている他のユーザーの声を乗せましょう。Amazonで商品を買うときはレビューを見ますよね？そういうことです。特にあなたの商品の知名度が低いときには他のユーザーの体験は非常に貴重な判断材料です。

5

信頼 パート

安心に拍車をかけるために、テレビや新聞など公的な信頼を勝ち得るようなものがあれば掲載しましょう。受賞した、テレビの取材が入った、雑誌で特集された、芸能人も使っているなどわかりやすいものです。

6

ストーリー パート

人は感情で物を買って理論で正当化します。ここでは感情に訴えかけます。あなたの商品ができるまでのストーリーや開発の想いを熱く語りましょう。人は誰かのストーリーが大好きなのです。

7

クロージング パート

商品を今買わなくてはならない理由、買って絶対に損しないと言い切れる保証などを付けて、確実にクロージングしましょう。「今度でいいや」「もう少し調べてみよう」と思わせないことが重要です。

8

PS. パート

最後に、保証や今買う理由を補足しましょう。クロージングで終わってしまうと情報を得て満足して、ブラウザを閉じてしまうので、必ず追伸を付けましょう。

Section 03-05

［ランディングページの構成１］喚起パート

「喚起パート」＝速攻で心をつかむ「キャッチコピー」

Webサイトを訪れたユーザーは３秒以内に自分に必要なサイトかどうかを判断すると言われています。

いわゆるパっと見で、大体自分にとって必要かどうかわかってしまうのです。あなたも調べ物をしているときにいろんなサイトを見て回ると思うのですが、１つ１つのサイトにはそんなに長く滞在していないはずです。

私も「おっ」と、ちょっと気になったページだけを開いて、ザザッとスクロールして流し読みする感じです。つまり、３秒以内にユーザーの心を掴まないと離脱します。

待ってはくれないので、必要なことを的確に伝える必要があります。

ユーザーは「これだ」と思ったサイトからだけ、問い合わせをします。企業の相見積もりならまだしも、普通はいろんなサイトに問い合わせを入れたりしません。そこそこ悩んだ挙句、ドンピシャかもしくは比較的イイなと思ったサイトに問い合わせをします。

■選ばれるサイトは１つだけ

物販なら同じものを２個も３個も買わないので、選ばれるサイトは１つだけです。例えば青汁を買うときに「よくわからないから３つのサイトから注文しちゃえー」なんて人はほぼいません。

つまり、数ある競合サイトの中からあなたのサイトを選んでもらわなければなりません。折角いい商品でも､「ここで買おう！」と決めてもらえなければ売れません。

３秒以内に、ランディングページに訪れてくれたユーザーに「これだ」と思ってもらうためにあるのが、この「喚起パート」で、具体的には速攻で心をつかむ「キャッチコピー」が、喚起パートになります。

売上を飛躍的に伸ばした「世界一有名なキャッチコピー」

「うちの商品は、正直、そこまでオリジナリティに溢れた商品じゃない」と思っている人は、逆に、キャッチコピーを作ることであなたも気づいていないあなたの商品の魅力が見つかることがあります。

もしかしたらちょっとビジネスモデルを変えることになるかもしれません。キャッチコピーって面白いですね。

セールスライティングの世界で知らない人は居ないほど有名なキャッチコピーの変更によって売り上げを飛躍的に伸ばすことに成功した世界一有名なキャッチコピーはこちらです。

30分以内にあつあつのピザをお届け、できなければ返金します。

今ではあつあつでき立てのピザが届くのは普通のことですが、当時は冷めたピザ届くのが当たり前でした。

創業者のトム・モナハンは「ドミノピザの成長を語るうえで、このオファーは欠かせない」とコメントしています。

さて、この商品は特別な商品でしょうか？　言い方が悪いのは承知ですが、ただのピザです。良く言ってもただのおいしいピザです。「ミシュランで5つ星です」とか、イタリアで50年シェフをやっていてパスタ一皿で8,000円とるようなシェフが作っているピザとかいうわけではありません。

普通のピザが、ユーザーと「30分以内にあつあつを届ける」という約束をすることで、普通のピザではなくなったのです。もしあなたの取り扱う商品がiPhoneのように特別なものでなくても、魅力的なキャッチコピーは作れます。

キャッチコピーの作り方

キャッチコピーの作り方は、これだけで様々な書籍がでているほど深いものですが、本書では「連想ゲームを用いたキャッチコピー作成術」のノウハウをあなたに覚えて欲しいと思います。連想ゲームを用いたキャッチコピー作成術は次のようなものです。

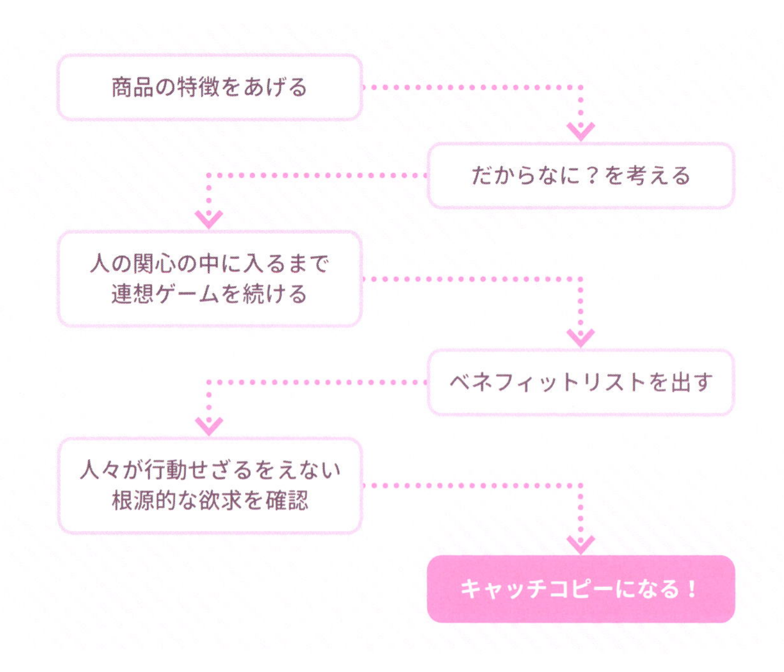

このような流れで、順番に考えていくとキャッチコピーが作れます。

■ベネフィットリストとは

「ベネフィット（benefit）」とは、「利益」という意味の単語です。ここでは、「ユーザーがあなたの商品を購入したときに得られる変化」と捉えてください。

これを何個も書き出してリスト状にしたものが「ベネフィットリスト」になります。実は、このベネフィットリストを出すところまでが一番頭を使います。

そしてこのベネフィットリストを書き出すだけでも自社製品への理解が深まり、今よりは確実に売れるようになります。

■人々が行動せざるをえない根源的な欲求とは

ドルー・エリック・ホイットマンは著書「現代広告の心理技術101―お客が買わずにいられなくなる心のカラクリとは（ダイレクト出版）」の中で、人々の根源的な欲求を以下の８つと定義しています。

ベネフィットリストの中からキャッチコピーを決める前に、この８つのどれに当てはまるかよくよく考えてみてください。人の根源的な欲求に訴えかけることであなたの広告は飛躍的に反応がよくなります。

●人々の根源的な欲求

- 生き残り、人生を楽しみ、長生きしたい
- 食べ物、飲み物を味わいたい
- 恐怖、痛み、危険を免れたい
- 性的に交わりたい
- 快適に暮らしたい
- 他人に勝り、世の中に遅れを取りたくない
- 愛する人を気遣い、守りたい
- 社会的に認められたい

●強い欲求ではあるが根源的な欲求には敵わないもの

- 情報がほしい
- 身体や環境を清潔にしたい
- 便利であってほしい
- 美しさと流行を表現したい
- 掘り出し物を見つけたい
- 好奇心を満たしたい
- 能率よくありたい
- 信頼性、質の良さがほしい
- 節約し、利益を上げたい

キャッチコピーはこれらに訴えかける内容にしましょう。なぜならこれは絶対に振り払えない人間の根源的な欲求だからです。

欲求を満たしたいときに、お金が支払われます。要は、商品が買われます。買いたいと思うのです。例えば、このような感じです。

- なんだか急に心臓がチクっとした
  →生存の欲求が働く
- 飲み会でめちゃくちゃタイプな人が居た
  →性欲が刺激される
- 昨日の夜から何も食べてない
  →食欲が高まる
- 友人が若くして亡くなった
  →生き残り、人生を楽しみたい
- 家の天井からねずみの足音がした
  →快適に暮らしたい
- 娘が不良とつるんでいる
  →愛する人を守りたい

人々は、これらの全てを絶対に無視することができません。あなたにも、私にも無理です。

これらは人間の根本的な欲求なので、無視しようとしても無理なのです。

あなたの商品がこれらのどれを解決するものなのか、そしてこれらの根源的な欲求に則って商品やサービスをアピールする意義を考えてキャッチコピーを作っていきましょう。

キャッチコピー連想ゲーム

では実際にキャッチコピーを作っていきましょう。キャッチコピー作成の実践例を２つ出します。

■オシャレな老眼鏡を販売したいA社のキャッチコピー例

まずは、おしゃれな老眼鏡を販売しているＡ社のキャッチコピーから作っていきます。68ページのキャッチコピー作成フォーマットに習って、順番に見ていきましょう。

❶まずはあなたの商品の特徴をあげてみてください。

商品の特徴

- フレームが薄い
- レンズが薄い
- デザインが豊富（10種類）
- 人間工学に基づいた設計

❷次に、これらの特徴に「だから何？」と自問しましょう。

フレームが薄い→だから何？→軽い

❸さらに、ユーザーに関係のあるところまで続けます。「軽い」では、まだ遠いです。「フレームが薄い」は商品そのものの事実を言っているだけで、ユーザーには興味や関係が無いことです。

- **フレームが薄い→軽い→ずっとかけていられる→疲れることが無い**
- **デザインが豊富（10種類）→好みに合ったものが見つかる→モテる、おしゃれに見られる**
- **人間工学に基づいた設計→耳にフィットする→耳が痛くならない→ストレスからの開放**
- **レンズが薄い→目が疲れない**

このように深掘りしていくと、右にいくほどどんどん自分に関係性が出てきます。これがベネフィットになります。

❹この老眼鏡のベネフィットを集めてみましょう。以下のようにまとめたものが「ベネフィットリスト」になります。ベネフィットは１つの機能からいくつも見出すことも可能です。

ベネフィットリスト

- 疲れることが無い
- ストレスからの開放
- モテる、オシャレに見られる
- 目が疲れない

❺「結局なんなのか？」を考えましょう。全部あわせてなんなのか？　全部ひっくるめてどうなのか。このとき、「ターゲットニーズリサーチ」を思い出し、ベネフィットの中でもニーズのあるものに方向の軸を置きましょう。

キャッチコピー案：1

老眼鏡をかけるストレスから開放されて、毎日を楽むことができます。

キャッチコピー案：2

年齢を重ねてもオシャレでいたいあなたの為の老眼鏡

キャッチコピー案：3

あなたの為に開発したオシャレで疲れない老眼鏡

ユーザーに興味を持ってもらえるキャッチコピーですね。

このとき、よくある失敗例としては「商品中心のキャッチコピー」や「聞こえのよさを重視しすぎたキャッチコピー」にしてしまうことです。

悪い例① 商品中心のキャッチコピー

フレームもレンズも薄い！東京大学教授監修の老眼鏡が登場！

商品の特長はわかりますが、ユーザーは置いてけぼりになっています。

悪い例② 聞こえのよさを重視しすぎたキャッチコピー

こんなメガネ、探してました。

なんとなく聞こえのいいキャッチコピーだけを目指すとこうなります。漠然としていて興味が引かれませんね。

悪い例①についても、有名大学の教授が監修しているとか、ユーザーには全くどうでもいいことです。こんな広告は、その他の広告にまぎれて誰にも読まれることはありません。

ユーザーの目に留まるキャッチコピーのコツは、

- 一瞬で、必要だと思ってもらうこと
- そして自分に関係があると思ってもらうこと
- 使うとどうなるのか？　結論を先に言うこと

これが重要です。さらにもう一つ、キャッチコピー作成例を見てみましょう。

■美容成分を多く配合したオーガニックシャンプー、くせ毛で困っている人に効果的な商品を出すB社のキャッチコピー例

❶まずは商品の特徴をあげます。

商品（オーガニックシャンプー）の特徴

- ノンシリコン
- オーガニック
- 天然の美容成分が多く入っている
- くせ毛に効果的

❷「だから何？」と自問します。ユーザーに関係のあるところまで続けていきましょう。

- ノンシリコン→髪と地肌にやさしい→傷まない→健康的な髪→綺麗に／若く見られ人と差を付けられる
- オーガニック→髪と地肌にやさしい→傷まない→健康的な髪→綺麗に／若く見られ人と差を付けられる
- くせ毛に効く美容成分→髪がストレートになる→ヘアアイロンが不要に→朝の時間が浮く

❸ベネフィットリストを書き出します。

ベネフィットリスト

- 若く見られる
- 綺麗になって友達と差を付けられる
（恋が叶う／自分に自信が持てる／外出が楽しい）
- 朝寝坊できる
- あと5分長く寝られる
- 朝コーヒー1杯分ゆっくりできる

さて、同じ商品のベネフィットでも、このように恋愛/自己実現/優越感/時短、と様々なジャンルのベネフィットが出てきました。

このシャンプーの特徴は「くせ毛に効き目がある」でしたね。どれも良いベネフィットですが、くせ毛に困っている人を対象として、キャッチコピーを作成してみましょう。

キャッチコピー

このシャンプーなら、寝起きの髪でお出かけできちゃいます♪

キャッチコピー

クセ毛のあなたでも、朝の時間マイナス10分

ポイントは、商品の特徴をユーザーに与える変化まで落としこむようにしている点です。解説の最初に、「与えられている時間は3秒」というお話をしたことを思い出してください。3秒で心をつかむ＝自分にとって必要だと思わせる。「3秒以内にユーザーにもたらす"変化"を伝えよう」ということですね。

では、実際にキャッチコピーを作ってみてください。ベネフィットリストを作るには、以下のようなフォーマットで書くとわかりやすいのでおすすめです。

記入例

あなたの商品の特徴は？	つまり？？	私はどう変わるの？ 私の生活に影響がある？
・ノンシリコン ・オーガニック ・天然美容成分 ・くせ毛に効果的	くせ毛に効く美容成分  髪がストレートになる	・ヘアアイロンが不要になる。 ・朝の時間が浮く！

ベネフィットリスト

・あと5分寝られる、朝ゆっくりコーヒーが飲める。
・短い時間でキレイな私になる。

このように、商品の特徴をユーザーに与える変化まで落とし込むようにしましょう。

USP型キャッチコピー

さて、キャッチコピーの作り方にはベネフィットリストを作成する以外の方法もあります。ベネフィットを訴求しても効果の弱い商品の場合、USPを打ち出す必要があります。キャッチコピーはベネフィット型とUSP型を使い分けてください。

USPとは「ユニークセリングプロポジション」の略です。意味は「独自のウリ」です。つまり、差別化されたあなたの商品独特の強みです。
USP型を使う場合の例としくは、

- **コピー機の販売**
- **クレジットカードの入会**
- **日用品の販売**

などが分かりやすいです。
例えばあなたが既にクレジットカードを持っているとして、クレジットカードの便利さや、クレジットカードを持った先の未来のことを考えるでしょうか？

大抵の場合は、「ポイント率」「審査の時間」など機能の面を重要視しているはずです。

例にあるコピー機も同じで、会社に置くコピー機や複合機にベネフィットを求める人は少数派でしょう。

それよりも「１分間に何枚刷れる」かなどの機能や強みの部分を重要視する人は多いはずです。

ただし、これらの商品にベネフィットを見い出せないわけではありません。

例えばAMEXのCMと楽天カードのCMは対照的ですよね。

AMEXのCMはAMEXを持つライフスタイルを提案しています。これはベネフィット型です。一方の楽天カードは「ポイント○倍！」などの機能を訴求しています。これはUSP型です。

ベネフィット型かUSP型か

機能面を訴求したほうがいいのか、それともベネフィットを訴求したほうがいいのか……。これは、広告を出す先や、広告を出すキーワードで考えると分かりやすいです。

GoogleやYahoo!のPPC広告では、キーワードごとに表示させるランディングページを分けることができます。例えば…

●検索キーワード「中古パソコン　法人」
→ターゲットは法人なので、価格やスペック・保証内容などの機能面を訴求

●検索キーワード「ノートパソコン　おすすめ」
→どんなパソコンがいいのか検討している、薄くて軽いから「疲れない」などのベネフィットを訴求する

●検索キーワード「ABC-124　最安値」
→既に買うものが決まっていて、型番で最安値を検索している。ポイント還元や価格が最安値であること、マウスなどの付属品がセットになっていて割安であること、など機能面を訴求

このように見てみると分かりやすいのではないでしょうか？
型番で探しているユーザーに対して「一日中持ち運んでも疲れない！」などのベネフィットを打ち出しても効果は見込めなさそうです。

■キーワードでランディングページを使い分けることも可能

「では、このキーワードの分だけランディングページを作ればいいんじゃないか？」と思うかもしれません。答えはYesです。
ただし、ランディングページをいくつも作っていくと時間も予算も膨れ上がってしまいます。ですから、216ページで上手な量産の方法をお伝えします。

商品に強みがないのでは無く、強みを見い出せていないだけ

「でもうちの商品には強みなんてないんだよね……」と言う人がいますが、大丈夫です。

私がこう言い切る理由は、商品に強みがないのでは無く、ニーズを把握していないから訴求が違うだけというケースがほとんどだからです。そういうときは、Part2の3C分析をもう一度見直してみましょう。

■あるクライアントの例

話が少し横道にそれてしまいますが、以前いたクライアントの例をお話しさせてください。

その方は中部地方で害獣駆除業をやっていて、とりわけメインでやっている「ねずみ駆除」のビジネスを伸ばしたいとのことでした。

言っちゃ悪いですがサービス内容は至って普通です。普通に個人宅へ行って、ねずみを駆除して、終わり。値段が安いわけでも無く、サービス内容は競合他社と一緒です。割引や保証は以前からやっていたので、どうしようといった状態でした。

根本的にビジネスを変えるなら、サービス内容やブランディングを根底から変えていくしか無いのですが、私たちの仕事は今すぐ成果を出すことです。

そこで、競合サービスを洗い出してみることにしました。

すると、業界では普通すぎて誰もアピールしていないことが１つありました。「電話見積もり」です。

調査の結果、ねずみ駆除というと電話して家にきてもらい、見積もり交渉(営業) をされるようなイメージがあり、「足元を見られるのではないか」「強引に営業されるのではないか」と不安に思う気持ちがユーザーにはあるようでした。私も個人的に、そう感じていました。

しかし顧客が言うのには「今ではユーザーとの電話で見積もりをほぼ確定させる」ということでした。そして電話の見積もりと現場の見積もりが違いすぎると、あとで消費者センターにクレームが入ったりするようです。

この電話で見積もりを確定させるやり方は、業界ではあまりに当たり前のことだったようですが、そのことをランディングページで強く訴求している業者は居ませんでした。

その話を聞いて、「見積もり保証」という打ち出し方をひらめきました。

「電話で見積もりをし、それ以上の金額はとりません。万一現場に行ってそれ以上の見積もりがかかりそうでも、絶対にそれ以上取りません」という保証です。

これならユーザーは「電話だけでもしてみようかな」という気になり、業者は反響を獲得できます。

電話対応の感じの良さや丁寧な説明も相まって、反響は3倍以上にも伸びました。これは競合もマネできるし、場当たり的な対応でしかありませんが、ともかくこれで急場を凌ぎ、抜本的サービス改革をする時間を稼ぐことができたのです。

このように、強みが無いのではなくて、強みを見い出せていないケースは非常に多いです。

業界では当たり前だったり、業界に居すぎて気づいていないことも多いので、業界の外の人に話を聞く、そして一番は顧客に話を聞くのが効果的です。

キャッチコピーまとめ

キャッチコピーについて、整理しておきましょう。

- **キャッチコピーにはベネフィット型とUSP型がある**
- **ベネフィット型は商品を使ったユーザーが「どう変化するか」を軸に置く**
- **USP型は独自の強みやウリを軸に置く**
- **検索ワードや広告を出す先によって訴求（キャッチコピー型の使い分け）を変えたほうが良い**
- **顧客や業界外の人にもヒアリングをした方がいい**

キャッチコピーの作成は非常に悩みます。

ここを悩まないようにするためにもPart2のリサーチがあります。「こういうユーザーが」「こういう検索をしてくる」ところまで想定しておくと、様々なベネフィットや機能がある中で、どれを軸にするかが定まりやすくなります。

キャッチコピー評価軸　セルフチェック

作ったキャッチコピーは、下記に当てはめてチェックしてみてください。

☑ 人の欲求に訴求できていますか？
→69ページの根源的な欲求や強い欲求に当てはまっていますか？

☑ 他の商品との違い、一般的な常識との違い、などは伝わりますか？
→違いを訴求することは最も重要なポイントでもあります。高いと思っていたものが安い、など他社との違いや一般的な常識との違いを打ち出すのも効果的です。

☑ 流入してくるユーザーが求めているものとマッチしていますか？
→検索キーワードや、流入元の媒体（メルマガ？ Facebook広告？）は想定できていますか？　顕在層か、潜在層か、恒常的な悩みか、この３つによってコピーを変えましょう。

Section

03-06 [ランディングページの構成2] 結果パート

結論から先にいう

喚起パート（キャッチ）で、あなたはユーザーの心を掴むことに成功しました。

喚起パートで心惹かれたユーザーは、最初のスクロールを始めます。

でもまだ安心してはいけません。ここはまだ、入り口です。基本的にユーザーはあなたの商品を疑っています。

「ほんとかよ？　どうせ広告だろ？」そう思って見ています。

でも、この問いかけが大事。そう思っているのが確定なのですから、それに対する答えを用意しましょう。例えば先ほどのコピー。

このシャンプーなら、寝起きの髪でお出かけできちゃう♪

これを見たユーザーは、こんな状態です。

「…ふーん、そうなんだ」
（これが本当だったらいいなと思っているが、
まだモチベーションは低い状態）

そこで、キャッチコピーの次に結果パートが必要になります。ユーザーのモチベーションを上げてあげる結果パートを作っていきましょう。

結果パートを作る

結果パートは、キャッチコピーを作るプロセスで、実はもう完成しています。結果パートとは読んで字のごとく、その商品を使うと得られる確実な結果のことです。

■結果の奥にベネフィットがある

結果を「商品から得られる効果」と考えると、ベネフィットと混同しがちですが、この2つには大きな違いがあります。具体的に言うと、

- 結果→商品を使うとどうなるか
- ベネフィット→商品を使って自分にどう影響があるか、自分がどう変化するか

の違いがあります。シャンプーの例で言えば、

- 結果→髪が綺麗になる
- ベネフィット→寝起きの髪で出かけられるという今までにない体験

このような違いになります。

ベネフィットは常に「結果の奥の奥」にあります。髪が綺麗になるから（結果）……寝起きでもでかけられる（ベネフィット）。この違いです。

結果	ベネフィット
髪がキレイになる	寝起きの髪でもキレイな 今までにない体験

「どうなるか」と「それで自分がどうなるか」の差

■「要するに…」から書き出そう

キャッチコピーの真下、最初のパートでは結果を列挙してください。つまりこのシャンプーを使うとどうなるのかを「要するに…」で始めて書いてください。

「寝起きの髪でお出かけできる」というのは要するに…

- 髪が綺麗になります
- 髪が健康になります
- 頭皮の状態がよくなります
- 髪が太くなります
- クセ毛の悩みを持っている方に支持されています（薬機法に注意！）

これが結果です。

ベネフィットで未来を想像させて……現実的にどういう結果がそのベネフィットをもたらすのかを伝えましょう。

ですのでここは、ベネフィットリストを作っているときに既に完成していますよね。デザイン上の見せ方の問題ですが、結果は「キービジュアル」と言われる最初のビジュアルに入れてしまっても構いません。

Webページはすぐに閉じられてしまうもの

元々Webページはそんなに真剣に読まれないことの方が多かった上、ページを読む速度は年々あがっています。

読まなくてもだいたい内容が予測できるようになってきていて、本当に気になったとき以外は読み飛ばし、ブラウザをさっと閉じてしまいます。

また、あなたがいくら広告にお金をかけても、どれだけ情熱をかけてWebサイトを作ったとしても、真剣に見る人は居ません。

あなたもそんなに真剣になって読むページなんて限られていませんか？

元々調べ物や探しものをインターネットでしているときは、そんなにモチベーションが高くないのです。

「おっ…」と気に留まった程度では、ユーザーのモチベーションは上がりません。ですから、ここで「結果パート」なのです。

こういったことを意識しながら、キャッチコピーで心をつかみ、結果パートで納得感を生みましょう。

Section 03-07

[ランディングページの構成3] 証拠パート

証拠パートを作ろう

「喚起パート」→「結果パート」ときたら、次は「証拠パート」です。読んで字のごとく、これまで述べたことの「証拠」を提示します。

結果の次にこのパートがある理由は、「髪が綺麗になりますよ」と言われて「なるほどすごい！」と信用するユーザーはいないからです。

ましてやあなたの会社や取り扱う商品の認知度が低いならば、なおさらこのパートは重要になってきます。このパートでは「結果」を「なぜそう言い切れるのか？」その証拠を提示しましょう。

結果パートでは「要するに…」を使ったように、証拠パートでは「なぜならば」と続けて書きます。例えば、「結果」パートで「髪がきれいになりますよ」「くせ毛に効き目があります！」（実際は薬機法で表現が規制されますので気をつけて）と言ったのならば、

- 髪をストレートにする◯◯成分を配合していてこれは権威ある医学誌でも取り上げられている
- シャンプーとトリートメントだけでさらさらストレートヘアになるのでアイロンが要らない、アイロンを使うと髪が痛むよね？

このように「なぜならば」と続けてその論拠を書きましょう。

証拠を提示しないと、あなたのランディングページからは信憑性が損なわれ、購入には繋がりません。まず必ず、あなたの商品を疑ってくると思ってください。

証拠のちから

以前テレビ番組でこんなドッキリが行われました。対象はグルメリポーターや食通で活躍する数名のタレントや一流シェフ。この方々は普段食通としてテレビに出演して、ときには辛口コメントをするような人々です。

この方々に「フランスの５つ星料理店の料理長が斬新で革新的な料理を完成させたので、一流のみなさんに評価をして欲しい」と依頼しました。
そのシェフの紹介動画を見せ、素晴らしい賞の受賞や、連日セレブで賑わう店の状況を見せた後に、いよいよ新作料理を発表します。

さらに、料理を作っている風景をシェフが「このソースはなんだかんだ」「肉はあーだこうだ」と説明しながらライブ形式で調理を進めていきます。
完成した料理が運ばれると、全員が口々に「素晴らしい！」「斬新で新しく、味も最高」「さすが！」とコメントを残していきます。中にはスタンディングオベーションをするものまでいました。

――とここで種明かし。実は運ばれてきた料理は、素人が適当に作ったものだったのです。つまり、証拠というのはこれほどまでに強力なものです。
プロでも証拠には弱いのです。

あなたの商品のもたらす結果を証明する必要性が分かって頂けたと思います。

最後に、ちょっとしたアドバイスですが、証拠を提示するときに押し付けがましくならないように気をつけてください。客観的に見せることが大事です。自然な形で紹介しましょう。

効果的な5つの証拠

■数値的根拠

満足度○%などはその数値の根拠を提示しないと、勝手に書いてると思われます。販売個数など具体的な数字はとてもいいですね。

■客観的事実

総務省の統計データなど、権威ある機関が公表しているデータを証拠として使いましょう。

■科学的/医学的根拠

科学/医学の分野で証明されているもの、その商品の権威で既に証明されている事実を基にしましょう。

■特許

独自の技術である証明も強力です。

■動画やデモンストレーション

操作性や使用感、ビフォーアフターなどを動画で見せると、静止画よりも信憑性が高まります。信憑性に欠ける写真でのビフォー・アフターよりも、動画での密着取材の方がより証拠としてのインパクトが高まります。

他にも権威付けやお客様の声などがありますが、それは別パートで登場するので、ここでは割愛します。

Section

03-08 [ランディングページの構成4] 共鳴パート

「お客様の声」を掲載する

キャッチコピー→結果→証拠ときたら次は「共鳴」です。BtoBでは「事例」にあたります。

まず、どんな基準でお客様の声を掲載するのかというところがポイントです。「長文で、とてもいいことが書いてある声だけを掲載する！」……まぁそれも悪くは無いのですが、もう少し良い方法があります。

体験とユーザー層で絞り込む

このパートの力を最大化するポイント、それは…「体験とユーザー層で絞り込む」ことです。

■「体験」で共感させる

つまり、ターゲットユーザーが得たい体験をした実例を載せてあげるのです。

キャッチコピーでは「あなたはこうなりますよ」と言っていて、ユーザーは、それが本当かどうかを確かめている最中ですので、その体験を手に入れた人の声を載せましょう。

■「属性」で共感させる

ターゲットの属性に一番近い人の声を掲載し、共鳴してもらうことも大切です。「髪が綺麗になってくせ毛に効き目があるシャンプー」の例を引き続き使用すると、このシャンプーのターゲットは女性なのに、お客様の声の中に

愛用して3ヶ月、僕も若々しさを手に入れましたよ

高橋さん（52歳）

こんな声があったとしても、共感を得られません。女性向けに売っている商品なのですから、どんなに良いレビューであっても、対象にハマらないレビューでは、ピックアップしてもしょうがないですよね。

■「私と一緒だ」を感じさせる

お客様の声で重要な考え方は、「これ、わたしのことだ…」「この人、わたしと一緒だ…」という気持ちを持ってもらうこと、共鳴してもらうことです。

自分と同じ悩みを抱えた人が、どう変わっていったのか、解決してどうなったのか、そこが一番のポイントです。

なので、お客様の声が欲しいからと言って、お客様に自由記入のアンケートをしてもらってもあまり意味がありません。

お客様アンケートの取り方にはポイントがあります。

今あなたがお客様の声を収集していない場合も是非、次のアンケートを実施してみてください。お客様の利用体験を集めることができます。

お客様アンケートの取り方

アンケートの項目は具体的に文字数の目安を付けてあげましょう。

Yes/Noや○/×で答えられるものをアンケートの最初の方に持っていって

「まず記入する」という行動を起こしてもらうことで、その先の文章入力のハードルが下がります。こうすることで、「一貫性の原理」が働きます。

簡単に言うと、一度記入したものは途中でやめづらいのです。ですから、最初の項目は選択形式にしてあげましょう。

この辺まではわりとどうでもいいアンケートです。
次からの質問が本丸。それに回答しやすくする為の布石です。

❶当社の製品をどこで知りましたか？
・ネット　・雑誌　・新聞

❷当社の製品のコスパについてどう思いましたか？
・良い　・悪い　・どちらとも言えない

❸この商品を買う前に、どんなことに悩んでいましたか？
（300文字程度）

❹その悩みは、解決されましたか？
Yes/No　どちらとも言えない

❺Yesと答えた場合のみご回答ください。
悩みが解消されて、あなたの生活に何か変化はありましたか？
例）自分に自信がついた、朝の時間が浮いた、など。
（100文字程度）

❻同じ悩みを抱える方に、あなたから激励のメッセージをお願いします。
（同じ悩みを持った方へ熱いメッセージをお願いします！）

文字数制限や回答例を示してあげることで記入しやすくしてあげましょう。

「商品を購入する前の悩み」「購入したあとの変化」「同じ悩みを持つ人へのメッセージ」という3つのポイントが重要な部分です。

また★で評価してもらうのもランディングページに掲載したときにパッと見て評価が分かりやすい方法です。

アンケートの取り方

お客様の声を取っていない、または取りづらいという相談をよく聞きます。

しかし、新規ユーザーにとってレビューは意思決定に重要な影響を与えるものですから、絶対にお客様の声を収集して掲載するようにしましょう。

「Amazonで商品を買うときって必ずレビューを見ますよね？」と訊かれたらほとんどの人が「はい」と答えるでしょう。

お客様の声の大切さは、これに尽きます。

前ページのお客様アンケートを取るときの方法はどうすればいいでしょうか。

答えは2つで「お願いして頼む」か「インセンティブを与える」が一番手っ取り早く集められます。

「どんなレビューでも（悪いレビューでも）書いてくれたら商品1つプレゼント」などのキャンペーンを行うとよいですね。

ではリピートしない商品、例えば屋根の修理などでお客様の声を取得するにはどうすればいいのでしょうか。

この場合は、「アンケートに答えていただいたら10%OFFにします」といったような方法で、何かインセンティブを与えて取得するのが手っ取り早いです。

■返報性の法則

返報性の法則とは、「人は何かをされたらお返しをしたくなる」というものです。身近なものだとスーパーの試食などがそれにあたります。
インセンティブを与えることでお客様の声に顔写真と実名で登場してくれる可能性は格段に上がるのです。

先日、返報性の法則を実感するこんな実験をしました。私は毎日、総武線の錦糸町駅から秋葉原駅まで通勤しているのですが、朝でも夜でもとんでもなく混みます。それこそ、押し込んで乗車するくらい電車が混みます。
そこで私は無言で乗客を押しのけて電車を出てみたのですが、誰も退いてくれません。むしろわざと気づいていないフリをして出口をガードする人も居ました。
次の日に、今度は「すいません、降ります」と申し訳無さそうに連呼してみました。
そうするとどうでしょう、昨日のガードが嘘のように、皆がスルスルと空けてくれました。

お客様の声の強度

苦労を重ねて取得したお客様の声も、人々はなかなか信用しません。
きちんとお客さんにアンケートを取って、本当のお客様の声を書いていても、「どうせ適当に書いてるんだろ～」「どうせサクラだろ～」と思われます。
ではどうすればお客様の声を信じてもらえるのでしょうか。お客様の声の信頼性には強度の差があります。

■絶対強度　１位：実名＋動画

実名＋都道府県＋年齢などの詳細の掲載をしている動画のお客様の声がやはり、一番信頼性が高いです。

屋根修理などの場合、単純にお客様を目の前に立たせてインタビューをするのではなく、家の中のダイニングやこたつ、もしくは縁側などで談笑型式にしましょう。動画の場合は動画の中にテロップを入れると無音でも見れます。また再生しない人もいるので、動画の下に文字起こしと写真も入れましょう。

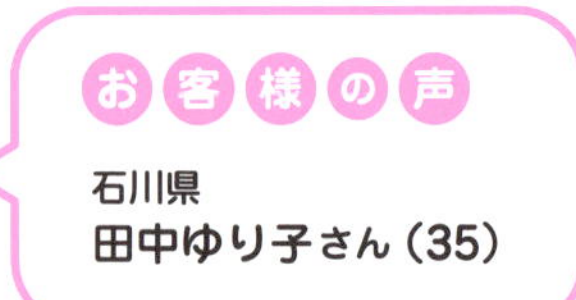

■ 2位：写真＋実名

1位の写真バージョンです。実名を使用しているので、信頼性は高いです。

■ 3位：写真＋仮名

このケースが一番多いですが、このあたりから信憑性が下がってきます。

■ 4位：写真無し＋直筆アンケート

アンケートにお客様が書いたイラストがはいったものなどであればギリギリいける感じもありますが、いいところだけをピックアップしている感が出てしまうので信憑性はイマイチです。

■ 5位：写真素材＋テキスト

このレベル以下は、もはや信用されません。たとえば、次の図のような仮名＋

匿名アイコンで何を語っても、本気で受け取る人はいません。また、これまでのベネフィットや結果や証拠が全て嘘くさくなってしまいます。

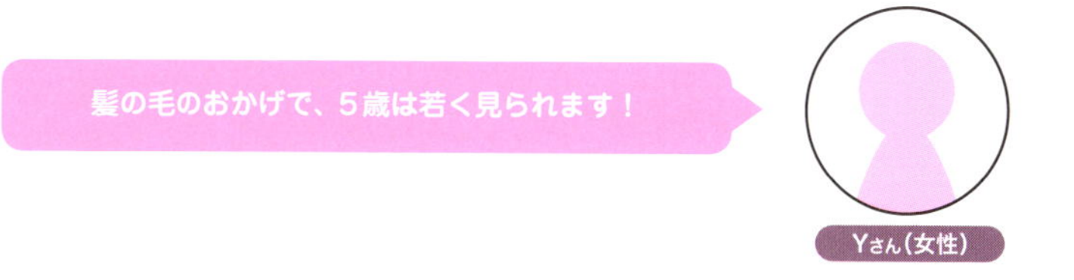

Amazonのレビューは最強！

一番良いレビューは、Amazonのレビューです。

Amazonユーザーなら誰でも書き込みができるレビューで、商品販売者側で操作できないことが信頼性を高めます。

イマイチなレビューが混在することもありますが、それがよりリアルに見え、逆に商品や販売元の信頼がアップします。★5つの良いレビューが3つだけの方が、逆に怪しく思われるでしょう。

人間には「損失を回避しよう」という本能がプログラムされています。デメリットをあえて明示することで、損失について予め予期させて、損失回避バイアスを軽減させましょう。

多くの場合、デメリットというものは、人によるものですので、欠陥商品で無い以上は気にすることはありません。

■Amazonレビュー風のレビューを掲載する方法

では、ランディングページにAmazonレビューのような形式で掲載する場合はどうすればいいのでしょうか。

詳しくは後述しますが、ランディングページはほぼ広告集客です。広告を見て購入してくれたユーザーがランディングページに戻ってきてレビューを書くということは現実的ではありません。

その場合は、本体サイトなどにレビュー書き込み機能を実装して、そのレビューをランディングページに掲載するのもアリです。

本体サイトにもユーザーがいかない場合は、メルマガなどで誘導するか、QRコード付きのDMで誘導するかなどでレビューが溜まっていきます。また、レビューの書き込みにインセンティブをつける方法も効果的です。

また、お客様の声の見せ方を工夫することでAmazonレビューふうのレビューを作れます。当社の運用しているランディングページでは、このようなAmazonレビューふうレビューをコンテンツに入れています。

工夫をして、レビューを掲載してみてください。レビューを集めることができれば、以下のような印象を与えられます。

- レビューをきちんととっている信頼できる業者/商品だ
- レビューを書き込んでくれるユーザーがいるような、いい商品なんだな

BtoBサービス業などのレビュー獲得

あなたの商品がBtoBサービス業や水道工事や屋根修理などのサービス業の場合など、この形式でのレビュー獲得が難しい場合は、お客様との2ショット写真や具体的な数値のビフォーアフターなどを多く用意しましょう。

お客様を酒席に呼んだぶっちゃけトーク形式など、アイデア次第でいろいろなお客様の声の取り方があります。信ぴょう性を一番に重要視してお客様の声を用意してください。納品後アンケートを掲載したりするのも効果的です。

■BtoBサービス業の場合は「事例」でもよい

BtoBの場合、商品のほとんどは売上アップに貢献するものでしょう。

なので「どんな施策で」「どのような結果が出たか」など具体的な数値を基に事例集を掲載しましょう。

広告費20万円で売上200万円、△△の導入で年間の経費を1500万削減、など具体的な数字を交えて実際の事例を掲載しましょう。

Section
03-09

[ランディングページの構成5]
信頼パート

「この商品を信頼してもいい理由」を提示する

ランディングページの構成も後半になってきました。次は「信頼パート」の作成です。

信頼パートとはその名の通り「この商品を信頼してもいい理由」を提示することです。「権威者の主張」を展開し、どんどん論破していくパートです。

実証やお客様の声と似ていますが、ちょっと質の違うものです。混同しないように、整理しておきましょう。

証拠パート→あなたの主張
お客様の声→使用者の主張
信頼パート→権威ある第三者の意見

お客様の声や証拠ではまだ足りません、このあたりからクロージングにかけた畳み掛けが始まります。あなたの商品が間違いないことを絶対に信用して貰うために、信頼パートが存在します。

「権威ある第三者」とは、一体誰でしょうか。「権威ある第三者の意見」とは、簡単に言うと以下のようなものです。

- テレビ出演・雑誌のインタビュー
- 新聞掲載
- ラジオ出演
- 有名人の推薦
- 権威者（有名顧問なども含む）の推薦
- 第三者機関からの認定
- 受賞歴・会社の設立年数
- 受注/取引先企業

メディアではどんなふうに紹介されたのか、著名人からどんな評価を受けているのか、などを書いていきましょう。

例えば「ガイアの夜明け、カンブリア宮殿、WBSのトレたまで紹介されました！」と言われたら、信頼感が上がりますよね。
同じく「ゼクシィでこんなふうに特集されました！」「オールナイトニッポンではこんな取り上げられ方をしました！」「新聞でも話題に！」「○○さんも愛用！」――どれも魅力的だと思います。

誰もが知っているメディアや人物、つまり権威ある第三者から好意的に取り上げられているものは、信頼感が増します（そういえば昔、芸能人が使っていた香水って売れてましたよね）。単純な話、「買っても損しないだろう」と思ってもらえるのです。

■マスコミ関係だけではない！

何も、すべてマスコミ絡みの権威が必要というわけではありません。
設立年数でも信頼感を上げることができます。「創立60年」とあれば「歴史ある会社なんだな、信頼できるな」と思ってもらえます。「○○アワード金賞」のような受賞歴もいいですね。

第三者機関からの認定だと一番わかり易いのがＰマークです。「情報保護の徹底した活動が認められました」という言い方ができますね。

ただし、この辺をかき集めていると、全然関係ないものを混ぜてしまう人も居ます。

例えば、アクセス解析ツールで「グッドデザイン賞」をとっていたとしても、それを全面に推す必要はないでしょう。

アクセス解析ツールはその機能や利便性が大事です。デザイン賞を取っていようがどうでもいいことだと感じるユーザーがほとんどでしょう（もちろん、賞自体を取ることは良いことです。無闇に推し出さなければいいという話です）。

取った賞やテレビ出演などを、なんでもかんでも全面に出すのはやめましょう。あくまで、ターゲットの変化や関心に関係のあるものに絞ってください。

とくに、ラジオ出演テレビ出演は、商品とあまり関係のない感じで取り上げられたものは意味がありません。**信頼パートとは「権威者の主張」**だからです。

他にも、業界で有名な人が顧問にいたり、監修したりしている、有名企業と取引がある、などの信頼要素があります。

次からは後半戦！

ふぅ〜〜…怒涛のセールスですね。疲れましたか？　ランディングページの作成も、半分を超えました。ランディングページも、だんだん形になってきたと思います。

次からはいよいよクロージングに向かっていきます。ここまでの流れをおさらいしておきましょう。

- **キャッチコピー→あなたはこういうふうに変化しますよ**
- **結果→使うと実際こうなりますよ**
- **証拠→なぜならこうだからですよ**
- **共鳴→あなたに似た方も既に変化を手に入れていますよ**
- **信頼→あなたの知っているあの人はこんな風に言っていますよ**

Section 03-10 [ランディングページの構成6] ストーリーパート

クロージングの1歩手前に「ストーリー」を語ろう

Web上に自動販売機を設置するために、もうひと踏ん張りです。次は「ストーリーパート」を作ります。

■商品のストーリーを語ろう

この辺にくるとクロージングに向けた準備が始まります。

これまでは「ターゲットに与える変化」を中心に、それを立証したり多角的な面からコメントを紹介したりしてきましたね。

ここで「商品のストーリー」を語りましょう。「商品のストーリー」とは、商品誕生の秘話、そしてその想いです。または、「代表者のメッセージ」や「開発者のメッセージ」と置き換えても構いません。

人はみな、ストーリーが大好きなんです。そして、広告コピーは年々その強みを失っています。なぜなら人々は、オンラインでもオフラインでも、広告を見過ぎてしまったからです。

今や、どんなに良い商品で本当の効果を書いていても、誰も広告を信用してくれません。そこで、ストーリーが大事になってきます。

人々はみな、本当のことを知りたいのです。その理由は先述したように「人はみな損失を回避したいから」です。

普通、人間は利益を上げることよりも損失を回避することの方が行動する動機として強いのです。あなたなら以下の２つのどちらの方がより強く行動したいと思いますか？

- 「これをやれば明日は一日中楽しくすごせるよ！」
- 「これをやらないと明日は一日中気分が沈んでいるよ」

後者の方が行動しなければと思ったはずです。損失や危機を回避するモチベーション、行動の動機がどれだけ強いかがよくわかりますよね。

では、これらがストーリーを語ることとどう関係があるのでしょうか。２つのキーワードがあります。

1）人は感情で物を買って理論で正当化する生き物だ
2）人は常に損失を回避したいと思っている生き物だ

ストーリーを語ることで、ターゲットの感情に初めて入っていくことができます。

- この人は嘘を言って無さそうだな
- 信用してよさそうだな
- この商品は買ってもよさそうだな
- どうせ買うならこの店から買おうかな

そして損失回避バイアスをこのように解除します。

- ここから買えばちゃんとしてそうだな
- ここから買えば最悪もうちょっと安いものがあってもいいか…
- これだけ頑張っている人から買おうかな
- 同じようなものばかりだから、共感できるところに頼もう

このように、ターゲットの２つの感情に訴求することができます。

優れたストーリーは１つではない

「でもうちの商品にはそんな大層なストーリーは無いよ…」という声がまた聞こえてきそうですが、本当にそうでしょうか？

商品自体にストーリーが無かったとしても、あなたの会社を経営することへの情熱、商品の販売にかける情熱、あなたの商品をあなたが世の中に広めたい理由はあるのではないでしょうか？

BtoBの場合も、その製品を広めたい理由や目指したい世界などの書けることがあります。

ストーリーの書き方

ストーリーの書き方にもいろいろなルールや定説があるのですが何より大事なのは「全情熱をかけて、自分の言葉で書く！」ということです。無理に書き方を意識しすぎるよりも意識しない本音の方が伝わるからです。

ただし文章が支離滅裂だったり、自分の言いたいことだけを言ってしまってはストーリーを書く意味がなくなってしまうので、次の５つだけ気をつけて書いてみてください。

- 明確に存在する人物/商品の話であること
- ごく個人的な話をすること
- 誰かに話しかけるように書くこと
- 失敗談を盛り込み、それを乗り越えた挑戦の経験を話すこと
- 良いことも悪いことも、全部話すこと

「自分が何者で、何をやってきて、どういう失敗をして、どうやって乗り越えたのか、そしてターゲットにどうなってほしいのか」これです。

次ページで実際にストーリーの例をお見せします。ここでの例は「無農薬のりんごを販売している人」です。

キャッチコピーは「無農薬で体にやさしいりんご！」、ランディングページにはベネフィットやこのりんごが普通のりんごよりもサイズが大きくて甘い理由を書いていますが、正直、少し決め手に欠けます。

「どこで買ってもいいや」「近所のりんごでも充分美味しいし」という意見もあるでしょう。「近所のスーパーのりんごは無農薬かどうかわからないけど、近くで買おう」ということになってしまいます。

では、これにストーリーが加わるとどうなるでしょうか。

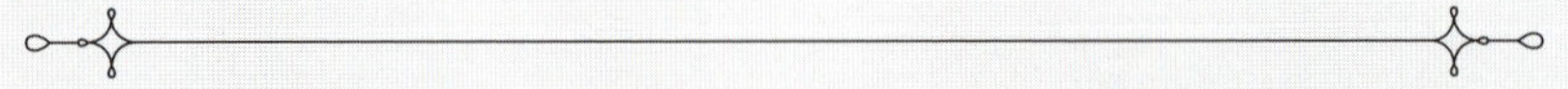

1970年代の青森県（現・弘前市）。わたしはリンゴ農家・木村家の一人娘・美栄子と結婚して木村家に婿養子入り、サラリーマンを辞め、美栄子と共にリンゴ栽培にいそしんでいました。

そんなある日、美栄子の体に異変が生じたのです。美栄子の体は年に十数回もリンゴの木に散布する農薬に蝕まれていたのです。

わたしは美栄子のために無農薬によるリンゴ栽培を決意しますが、それは当時、絶対に不可能な栽培方法と言われていました。
わたしは美栄子のお父さんの支援を受けて無農薬栽培に挑戦しますが、案の定、何度も失敗を重ね、借金ばかりが膨らんでいきました。

次第に周囲の農家からも孤立していき、妻や娘たちにも苦労をかけてしまいます。

10年の歳月がたっても成果が実ることはなく、窮地に追い込まれたわたしはついに自殺を決意しました。1人で岩木山に向かう最中に、わたしはそこで自生した1本のくるみの木を見つけたのです。
樹木は枯れることなく、また害虫も発生していなかった。

わたしはその木を見て、これはりんごの木でも同じことが考えられるのではないかと無農薬リンゴ栽培の光を見つけました。
それからさらに年月をかけ、ついに無農薬でのりんごの栽培に成功したのです。世界初の無農薬りんごです。今回、インターネットでの販売が決定してとても嬉しく思っています。
全国のみなさんにこのわたしの無農薬のりんごを食べてもらいたいと願います。

これは、奇跡のリンゴとして書籍や映画化がされた実際にあった話です。

内容はwikipediaから引用したものに、ランディングページで使うストーリー用に、一人称に変えて最後にメッセージを付け加えました（出展：https://ja.wikipedia.org/奇跡のリンゴ）。

如何でしょうか。「無農薬栽培のりんご」はただの美味しいりんごではなく、特別なりんご「奇跡のりんご」になりました。これがストーリーの持つ力です。

商品に関すること、あなたに関すること、開発秘話、商品を販売する背景を伝えましょう。そしてストーリーの最後に、買ってもらいたいという明確な意思表示をしましょう。

〜〜〜なので、資料を請求をしてください。
〜〜〜なので、買ってください。
〜〜〜なので、お問い合わせが欲しいです。

ランディングページは購入意識の高いユーザーに訴求するものなので「何をして欲しいのか」を明確にする必要があります。

決して行動をユーザーにまかせてはいけません。明確に「買ってください！」とメッセージを送ることが重要です。このストーリーは、はっきりと商品を買って欲しい理由とも捉えることができます。

このあたりから、買って欲しい理由を本音で話すことでランディングページの目的をターゲットに把握してもらいます。

「情報提供をしているんじゃない、商品を買って欲しいんだ」という意思を見せて、ターゲットの頭の中に「買うこと」を明確にイメージさせます。

「考えてからまた今度探そう」と思って離脱されないように、ここは本気で書くのです。スペックだけを並び立てたランディングページとは、ここで明確な差がつきます。

「自分は今、買うか買わないかを決めなければならない」――このようにターゲットに目的を明確に認識してもらう必要があります。そのためにも、ストーリーは気合を入れて書きましょう。

Section 03-11

[ランディングページの構成7] クロージングパート

成果の最後の要、クロージング

いよいよ、ランディングページの構成の７つ目、「クロージングパート」です。

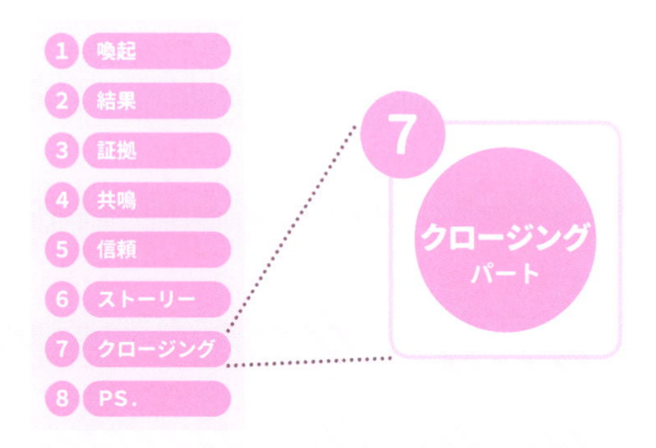

■まだ揺れている心を「買ってもいい」に持っていく

ここまでのセールスを読んでくれたユーザーは、あなたの商品にかなり心惹かれているはずです。しかし、まだその心は揺れています。

「ちょっといいな」と思って読み進めたら、凄く良かった。「ここで買ってもいいかな」っていう気にはなっている。でも、今すぐ買うのかと言われたら……「本当にここで買って良いのか」そう悩んでいます。

「良いんだけどどうしよう」→「また今度にしよ！」……いやいやいや！　これではいけません。ここでもうひと踏ん張り、絶対買ってもらいましょう。そう、クロージングです。

クロージングパートでは今すぐ買わなければならない理由を提示します。

離脱は、させない。ここまで読んでいるユーザーの気持は高まっていますが、買う動機としてはあと一歩足りないのです。まだ損失回避バイアスが払拭できていません。そこで「確実に買ってもらうクロージング」を入れましょう。

確実に「今」買ってもらうクロージングの方法

■ 1. 返金/返品保証を付ける

商品に保証を付けましょう。「気に入らなかったら返品OK！　使い切っても気に入らない人には返金します！」などです。返品/返金保証の話をすると「返品が多くなったらどうしよう……」と心配する人が多いのですが、きちんとした商品なら、実際に返品はほとんど起きません。

それよりも返品 or 返金の保証を付けていた場合の購入数の方が圧倒的なので、自分の商品に自信があるなら怖がらずに保証を付けましょう。

■ 2. 期間限定オファーを行う

期間限定や季節の割引やプラスアルファでセットを付けるなど、期限を区切ると今買う理由になります。お得感も演出できるのでこの方法も有効です。

初回無料診断、２つ買うと１つ無料…などに期間限定をつけるのもありです。

■ 3. 速さを訴求する

ユーザーはできれば今すぐ悩みを解決したいのです。「電話で５分見積もり、問い合わせは１時間以内にご返信」など、今すぐ悩みが解決できることをアピールしましょう。

■ 4. 特典を付ける

期間限定とセットにすることもありますが、「Web限定特典」「ご新規様優待特典」「サポート延長」「初回無料」などを付けることも有効です。

最近は返品や返金保証を付けている商品をよく見かけるようになったので、保証の力は弱まってきてはいます。しかしこれらを組み合わせたり、新たな発想を付け加えることで、競合他社に負けないオファーを創り出すことができます。

上から読み進めているターゲットに対して背中を押すコンテンツ、それがクロージングです。

ランディングページでは、問い合わせボタンの周辺にこういったクロージングコピーを配置することも多いです。そして縦長のページでは何回かクロージングが挟まることがあります。

これには、読み進めている途中途中にお得な特典があることを認識してもらうことによって「まぁちょっと読んでみるか……」となる効果もあります。

Section

03-12 [ランディングページの構成8] PS.パート

クロージングを補強する

パワフルなオファーでユーザーは買う気まんまん……いえ、まだ足りません。最後にPS.パートを付け加えましょう。

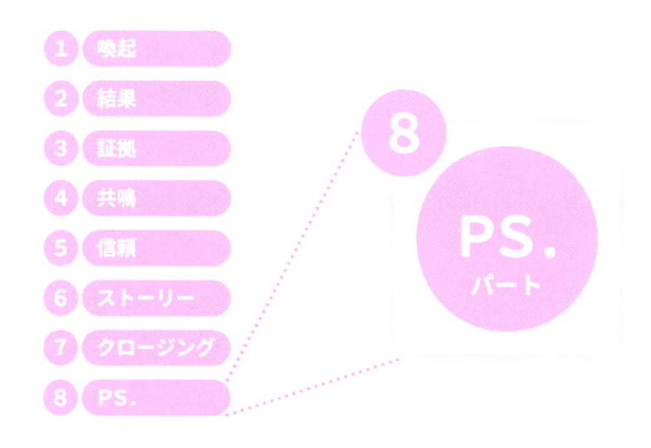

ランディングページの一番下を問い合わせボタンなどのクロージングで終えると「読了感」が強すぎて、満足してしまいます。

「ふう、この商品についてはよく分かった。いい商品だ。でもまた今度ね」

ちょっと待った……！！　先程も言いましたが、人は感情で物を買って、理論で正当化します。

最後にもう一度、感情に訴えかけましょう。泣き落としをするわけじゃありません。購買意欲を高めるんです。

PS.パートは読んで字のごとく追伸です。「最後の最後にもうひとこと言わせて！」というパートです。具体的には…

- 追伸、このオファーは本当に今月で終了してしまいます
- 追伸、このサイトから買って、絶対に後悔はさせません
- 追伸、今回の返金保証は、本当に自信のある商品なので踏み切りました
- 追伸、このセットをこの価格で購入できるチャンスは、一度だけです

このような書き出しで、追伸の文章を書きましょう。追伸は何文字でも構いません。PS.〜〜〜と書いて、PPS.と追伸をいくつかつける場合もあります。

PS.パートの必要性

なぜここまでする必要があるのかと思うかもしれません。でも、よく考えてください。ターゲットは、あなたの前にいるのでは無く、モニターの前にいます。あなたの「商談」をいつでも打ち切ることができるんです。

対面の商談であれば「何かわからないことや質問はありませんか？」「わたしたちから購入しますか？」と詰め寄ることも可能ですが、なにせ見ているのはWebページですから「やっぱいいや」といってブラウザをいつでも閉じることができる状況にあります。ですから、綺麗に終わってはいけません。

最後に、買うべき理由をしつこいくらいに説明するんです。では追伸の例を見てみましょう。

> 最後に…
> 当社のページをここまで読んでくださって有難うございます。
> 今回は、初めてのインターネットでの販売ということと、この商品をあなたに使って頂いて、いち早くくせ毛の悩みから解放して頂きたいという思いで、赤字覚悟の保証を付けました。
>
> この商品には本当に自信があって、あなたもきっとこの商品を長く愛用してくれるという自負があります。わたし達は大手の化粧品メーカーでは無いので、

あなたもきっとわたし達から商品を買うことに不安があると思いました。

なので、今回のはじめてセットで、まずはわたし達の商品を知って頂ければと思います。

このセットの販売は本当に今月で終了してしまいますので、この機会に必ずお買い求めください。

こうしてターゲットは「まぁ保証もあるし買ってみるか…」「最悪返品できるしな…」「悪い店じゃないし…」と自分の購買活動の正当化を始めます。

そしてようやく、購入ボタンを押すのです。

Section 03-13

ランディングページの超効率的なフレームワーク

鉄板の構成にハマらないときは？

ここまでで、ランディングページの構成を一通り見て頂きました。いかがだったでしょうか。1つ1つ丁寧に作っていけば、あなたもランディングページを作ることができると思います。

私の業種、このテンプレートに
いまいちハマらないんだけど……

え？？？　このテンプレートにハマらなかったですか？　わかりました、ご安心ください。

当然私達もBtoC/BtoB、物販やサービスなど業種業態を問わず制作をしていると、必ずしもこの流れに沿わないものが出てきます。

また、ランディングページにはこの流れ以外にも様々なパートやコンテンツが存在します。

そんな人のために、ランディングページの色々な構成について補足します。商品や業種によってこの型から逸れた作り方をすることもあります。そうであっても、ここまで紹介した流れは、王道の流れなので必ず覚えてください。

ランディングページに入れるパートをより細かく分類

これから記すランディングページに入れるべきパートは、私の会社でも使っているフレームワークです。

ここで紹介するパートは結局「喚起」「結果」「共鳴」「信頼」「クロージング」「PS」のどれかに分類されますが、それをより細かく具体的に記したものです。

ランディングページを作る際は、以下のコンテンツの中から８つを選び、10,000ピクセル以内に収めるように作ってみてください。

なぜ８つで、なぜ１万ピクセル以内かと言うと、制限を設けることで「選択と集中」が生まれるからです。

ターゲットユーザーにとって本当に必要なパートだけを選んでみてください。

■メリット紹介

商品やサービスを使うメリットを紹介します。ほぼ必ず入るパートです。

■スペック紹介

内容量・価格・サイズなどの商品スペック(事実)を紹介するパートです。物販などではほぼ必ず入るパートです。

■具体的なサービス内容の紹介

サービス業ではBtoBでもBtoCでもほぼ確実に入るパートです。サービス内容の詳細の紹介です。

■会社概要/地図

ほぼ確実に入るパートです。自社サイトに外部リンクをせずに、ランディングページ内、もしくはランディングページの下層ページに会社概要ページを作ります。外部サイトに飛ぶと離脱の原因になるので、なるべくランディングページで完結させましょう。

■ギャップ

顧客がその商品にかかえている一般的な常識を覆すような内容です。普通高いと思っている商品が安い、普通遅いと思っていたものが速いなどです。

■代弁

ユーザーの気持を代弁するパートです。通販番組での「でもお高いんでしょ～？」などがそれにあたります。

BtoBであれば「従業員が自主的に取り組んでくれればそれに越したことは無いけど、でもそんなの無理だよ」のように、ページを見ててユーザーが抱えるであろう疑問を代弁します。

■よくあるお悩み

代弁と近いのですが少し違います。

代弁のパートはパートとパートの繋ぎとして使うことが多いですが、このパートはユーザーの抱える悩みの代表的な項目をいくつかピックアップして共感して貰うこと、それが解決されるイメージをもってもらうことにあります。

ここはニッチな悩みを掲載するとより「そうそう！」を生みやすくなります。

■煽り

「このままでいいんですか？ 35歳を超えて結婚ができる確率はわずか1％です」など不安を煽る要素です。使い方に注意です。

■ベネフィット訴求型のビフォーアフター

ビフォーアフターは定番のパートですが、ベネフィットのビフォーアフターです。「自信満々で人と話せるようになった！」などです。

■事実としてのビフォー・アフター

ベネフィットとしてではなく、もっと実際的なものです。「喋るときに噛まなくなった」「月々の携帯料金が2,500円安くなった」などです。

■導入事例紹介

商品やサービスの導入事例を紹介するパートです。特にBtoBでは鉄板のパートです。

■選ばれる理由

「なぜこの商品が支持を得ているのか？」その理由です。

■ノウハウ紹介

BtoBや知識労働産業でよく使います。商品の良さを訴求する手っ取り早い方法が強烈なノウハウを一部見せることであったりします。

■他社比較

他社との違いを比較表などを使いながら説明するパートです。

■メディア掲載

新聞雑誌テレビWebなどのメディア掲載実績です。

■パートナー企業紹介

有名企業とのアライアンスや開発パートナーの紹介です。

ただ紹介するのではなく、あくまでユーザーにとって信頼性が重要で、且つパートナー企業が信頼に足る企業だった場合に掲載します。化粧品を売っているとして「東大医学部」とアライアンスを組んでいたら、信頼性があがりますよね？

■著名人の関わり

パートナー企業の紹介の著名人版です。商品やユーザーと関係のある場合に掲載しましましょう。

■お客様の声

88ページで紹介したお客様の声のことです。

■お客様属性

この商品を使っている年齢層・性別・地域・企業規模など円グラフや棒グラフで見せるパートです。お客様の声とセットで使うことが多いです。

■驚き

ユーザーの知らない情報や一般的に知られていない情報など「へ～そうだったんだ！」を生むパートです。

■ご利用の流れ

具体的なサービス紹介とセットにすることもありますが、あえて分けています。商品の内容やサービス内容によっては、具体的にサービスの紹介をしない場合もあるからです。このパートは商品やサービスを利用するまでのステップを掲載します。

■スタッフ紹介

BtoBでよく使います。スタッフを紹介することで「しっかりした会社（または商品）なんだな」という印象をあたえるために掲載します。

■特典/返金保証/キャンペーン/無料提供

96ページの信頼パートと同じです。

■1位獲得

「□□ランキングでNo1！」など1位訴求です。「最安値」なども同じ意味になります。

■第三者からの推薦

96ページの信頼パートと同じです。

■よくある質問

これもよく掲載するパートです。よく聞かれることやランディングページで解決されていない具体的な質問などを掲載しましょう。

■利用シーン想定

商品を使っている具体的なシーンを写真や動画で訴求します。BtoBでソフトウェアを販売している場合は画面の動画などがそれにあたります。

■理念・価値観/代表あいさつ/ストーリー

99ページのストーリーパートと同じです。

Section 03-14 できあがったランディングページの評価方法

作る前も作った後も頭にいれておくべき評価方法

ここで解説するのは、ランディングページのセルフチェックの方法でもあり、作るときに常に頭に入れておくことでもあります。４つの視点からランディングページを作り、評価してください。

評価１：一番伝えたいこと（企画）は伝わっているか？

先ほどのシャンプーを例にすると、商品には「クセ毛が治る」という特徴がありました（※実際の表現は関連法律など、注意してください）が、そのことが伝わる内容になっていますか？

大事なことは言い方を変えて３回言うと伝わりやすくなります。
例えば、キャッチコピー、ページの真ん中あたり、最後の３箇所で「クセ毛が治る」ということを伝えたい場合はこんな伝え方があります。

キャッチコピー	寝起きの髪でお出かけできちゃう♪
お客様の声	長年クセ毛で悩まされていたのが嘘のよう
追伸パート	私も20年間クセ毛で悩み、諦めていました

このように、各パートを使って訴求がぶれないようにしましょう。
信頼パートなど、色々なコンテンツを入れると「結局何が伝えたかったんだっけ？」となってしまう場合があるので注意です。

評価2：行動を促す要素が入っているかどうか

ベネフィットはリアルに想像できるようなものになっていますか？
クロージングオファーは欲しいと思えるようなものになっていますか？

また、購入や導入のハードルが低いことを伝えるのも効果的です。それから、商品を使ったあと、サービス導入後は具体的にイメージできるように書かれていますか？

評価3：他社より優れていると思わせる

他社比較やUSPを打ち出す、実績・事例・ビフォーアフターなど、他社製品よりこちらの方が優れていると思わせることができていますか？

評価4：他との違い、新しい驚き

元々持っていた商品イメージと、この商品は違うと思わせる要素は入っていますか？　知らなかったことを知ることができた驚きなどはありますか？

この４つの視点でランディングページを作り、最後にチェックしてみてください。全て満たすことができていれば、好反応なランディングページのできあがりです。

Section 03-15 購入ボタンの設置場所

購入ボタンは、どう配置するのがいいのか？

購入ボタンについてはよく聞かれるので、説明しておきます。

結論から言うと、上中下の３箇所に設置するか、フローティングボタンで常に追尾するようにしておいてください。

なぜ３箇所なのか？

キャッチコピー周辺の一番上のボタンが一番クリックされる傾向にあります。なので、まず上にボタンを設置するのは確定です。

また、一番下も最後まで読んだ人が押すので確定です。

真ん中に設置する理由ですが、通常購入ボタンや資料請求ボタンなどの周辺には特典内容や、オファー内容が書かれています。

このページは何をするためのページなのか、購入？ 資料請求？ 無料体験？ などの行動をユーザーの頭の中に入れておく必要があるので、真ん中にも設置しましょう。以上の理由から、ボタンは上中下に設置します。

フローティングメニューとは？

フローティングボタンとは、スクロールしてもついてくるメニューのことです。資料請求ボタンや無料体験ボタンなどをページの右上に設置し、スクロールしてもついてくるようにしましょう。

ただし直接的な購入ボタンなどは注意が必要です。

読んでいる最中に常に右上に購入ボタンがあると、「今すぐ買うわけじゃないしな」と離脱したくなってしまうものです。

こちらは設置した後に、そのボタンが押されているのかどうかは見ておいたほうがいいでしょう。押されていなければ、廃止してください。

Section 03-16 メールフォームの最適化

フォームで離脱しないよう、細部にこだわりましょう

メールフォームの最適化はLPOの一貫でセットでやるべきです。

ランディングページにはクロージングや追伸も付けて、ユーザーは買う気になりました。

「感情で買って理論で正当化する」と何度も言いましたが、実は人は買う直前になって買わない理由を見出します。

例えば「まぁ買ってもいいかな」という若干の思考停止状態でカートに行ったときに、あなたの使っているクレジットカードが使えなかったらどうしますか？

「カード使えないのか。めんどくさっ」「やっぱ今度だな」「他のサイトも見てみよう」と、こうなるわけです。

「どうしても欲しい！　喉から手が出るほど欲しい！」という状態であればわざわざ銀行に行って振り込むか、配達日を指定してその日は会社を休み、代引きで受け取るようにしますが、Webページで購入してもらうだけでもこんなに苦労するのに、足を使わせるなんてことはもっと難しいと想像に容易いと思います。

もちろん「来店してもらう」「来訪してもらう」「キャンセル待ちしてもらう」そんな商品やコピーにすることは大事なことですが……。実際問題、難しいです。

ですから、最後の最後に気を抜いてはいけません。

メールフォームの最適化は最後の砦、ここで離脱されては折角のリサーチや構成作りが水の泡です。

良いメールフォームと悪いメールフォーム

実際に、良いメールフォームと悪いメールフォームの例を見てください。

良い例

悪い例

お名前(必須)	姓		名	
フリガナ(必須)	姓		名	
電話番号(必須)		-	-	
郵便番号(必須)		-		
住所(必須)	選択してください ▼			
住所2(必須)				
住所3(必須)				
年齢(必須)	選択してください ▼			
お問い合わせ内容				
	送信する			

ぱっと見ただけでも、その違いはわかると思いますが、良いメールフォームは次のような特徴があります。

- メールフォームの上にメッセージが設置されている
- メールフォームのページにはどこにもリンクが貼られていない
- 入力項目が極限まで少ない
- 平仮名や漢字、大文字小文字、ハイフンの有無の指定が無い
- 入力例がある

- 入力ボックスの角が丸い
- 入力ボックスが大きい（文字も）
- 送信ボタンが大きい
- 個人情報保護がついている
- 入力ミスした項目を教えてくれる
- 入力→確認→完了など今自分がどの地点にいるかを表示している
- 入力項目に応じて最適なキーボードが表示される（スマホの電話番号入力など）

このように、最後の問い合わせの要であるメールフォームを「入力しやすいように」最適化するだけでも問い合わせの数を増やすことができます。

さきほどのメールフォームの悪い例は少し極端ですが、良い例のように入力部分も大きく表示し、必要最低限の項目に絞りましょう。

また、最初の入力項目をチェックボックスやラジオボタンなど選択形式にして、メールフォームへの入力のハードルを下げるのも効果的です。

■上下に文字を挟む

また、メールフォームのページにフォームだけを設置せずに、必ず上下に何か文章を挟みましょう。

簡素なページではなく、ここでも必ず入力してもらえるようにオファーやPSのようなものを付けると、離脱を減らすことができます。

現状のメールフォームの離脱率や成約率を知りたい場合は、Google Analyticsの「目標到達プロセス」で確認してみましょう。

Section 03-17 サイト型ランディングページの場合

サイト型ランディングページを作る場合の各パートの扱い

これまで縦長ページに入れ込むパートをお伝えしました。では、サイト型の場合はこれらのパートはどう入れ込むべきでしょうか？

結論はとてもシンプルです。

まずはTOPページは同じように８コンテンツをピックアップして制作してください。ただし、１つのパートで全てのことを言わなくても大丈夫です。

例えばお客様の声が１０人用意できる場合、TOPでは３人程にしておいて、「続きはこちら」のような形で下層ページにしてしまいます。

このように、サマリーだけ見せて、下層で詳細を紹介する、というような作りにするのが良いです。

また、上部にもグローバルナビを作成し、そこからも飛べるようにしましょう。

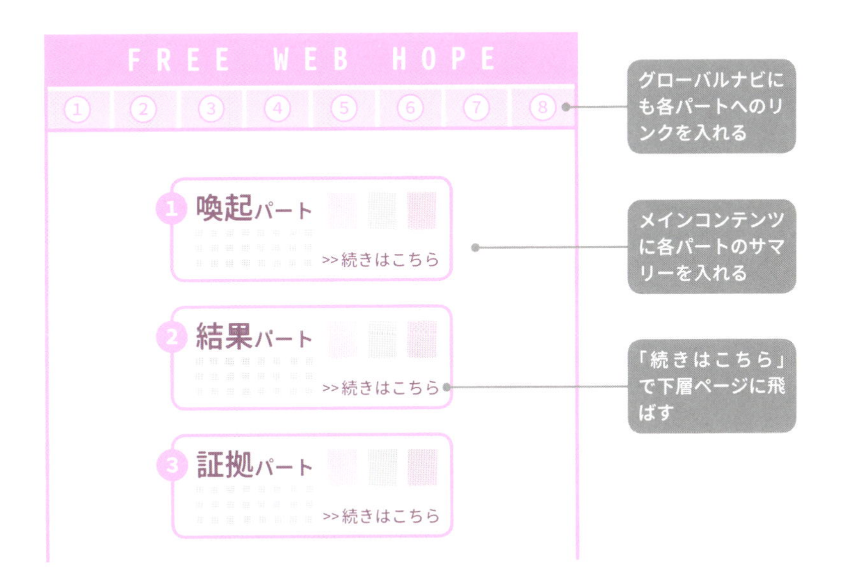

Section 03-18 ランディングページの構成まとめ

ランディングページを作ってみよう！

いかがでしたでしょうか。これが本当のランディングページの作り方です。ターゲットの心理状況の変化を的確に捉えた構成です。私の会社が顧客に対して成果を出し続けている方法でもあり、年間100本以上の制作ノウハウが実証するテンプレートです。

それを自分でもびっくりするぐらい全部言っちゃいました。ひとつひとつ当てはめて、あなたのビジネスに合わせて構成を作ってみてください。

ランディングページ制作で大事なことまとめ

最後に、本章で学んだことをおさらいしておきましょう。

- **相手の変化や相手のメリットにフォーカスする**
- **読む人は商品や書いてあることを信じていない**
- **そもそも買うモチベーションが高くない**
- **感情で買って理論で正当化する**
- **いつでも離脱できる状況にいる**
- **保証や特典を付ける**

全体を通して、この項目は必ず頭に入れてください。そうすると、良いセールスレターが書けるようになります。最重要項目は、

とにかくお客さんのことを考える！！！

これです。何が好きか、どうなりたいと思っているのか、何に悩んでいるのか、どうしたら喜んでもらえるか！

とことん考えると、文章はサラサラ思い浮かんでくると思います。

そのためにも、ランディングページ作成の時間のうち、8割の時間をリサーチに費やしてほしいと思います。

Part 4

広告を使った
ランディングページへの
最速の集客法

Section 04-01

てっとり早く広告で集客しよう

ランディングページの集客は広告で！

ランディングページができたら、次はユーザーに見てもらわなければなりません。ランディングページの集客で、一番おすすめする方法は「広告での集客」です。

しかし広告にもGoogleの検索広告、Facebook広告、Instagram広告、Twitter広告などがあり、多種多様です。ランディングページを作る前にこれらの広告の特性を抑えておかないと確実に失敗します。

なぜならば、Facebook広告とGoogleの検索広告に出すランディングページは同じであってはいけない場合があるからです。

広告で集客する方法を私がイチオシする理由は単純で、広告を使えばお金でアクセスを買うことができるからです。新規サイトをリリースしたときに、強制的にアクセスを流すことでPDCAを早めることができます。すると、早いサイクルでWebサイトの成否を判別することができます。

アクセスがなければ、そのビジネスが成功するのかしないのか、サイトが良いのか悪いのかわかりませんからね。Web上の広告にはたくさんの種類があります。簡単に思いつくだけでも——

- Google/Yahoo!の検索広告
- Google/Yahoo!のディスプレイネットワーク広告
- 純広告
- 記事広告
- アフィリエイト
- DSP

とにかくいろいろあります。Web広告のいいところは、効果測定が簡単でなおかつ細かくできるところです。

何にいくら使って……いくらの売り上げで……というようなことが詳細にわかります。

「このキーワード経由の売り上げはいい感じだけど、こっちのキーワードは予算ばっか使う割に全然売れないな」というようなことも簡単にわかりますし、「Aパターンと B パターンのどっちが反応いいかな？」といったテストも簡単にできるところがいいところです。

広告の媒体ごとの特性を知っておこう

本Partでは、ランディングページにアクセスを流すための広告について、１つ１つ見ていきます。具体的には、以下の広告について解説します。

Google/Yahoo! 検索連動型広告……126ページ参照
リターゲティング広告……133ページ参照
ディスプレイネットワーク広告……136ページ参照
Facebook広告……141ページ参照
Twitter広告……145ページ参照
Instagram広告……147ページ参照
アフィリエイトを使った広告……149ページ参照

広告の機能はしばしば変更されるので本書で具体的な機能については紹介しませんが、媒体ごとの特性について説明していきます。

この特性が、ランディングページに大きく影響をあたえるのです。

「広告費はかけたくない！」という人は、広告への出稿をできるだけ抑えて「コンテンツマーケティング」での集客をおすすめします。

コンテンツマーケティングについては、次Partで詳しく解説しています。

Section 04-02

Google/Yahoo!の検索連動型広告を出す

Google/Yahoo!の検索連動型広告

インターネット上で一番ポピュラーな広告で、ネット広告と言えば真っ先にこのタイプの広告を思い出す人も多いでしょう。下図のように検索結果に出てくる広告のことです。

検索連動型広告の特徴

この広告は「クリック課金型」で、誰かがあなたの広告をクリックするたびにお金がかかります。クリックの料金は入札によって決定します。

まずあなたがGoogleやYahoo!に広告予算を入金し、その入金したデポジットがクリックされるたびに減っていくというわけです。

■コチラ側が設定できること

あなたは

①「このキーワードを検索してきたときに」
②「この広告を表示させる」

という設定をすることができます。

具体的には管理画面で、あなたの商品を買うであろうユーザーが検索していそうなキーワードを入力していき、そのキーワードが実際に誰かに検索されると広告が表示されるように設定できます。

これが検索広告の一番基礎の考え方です。

例えばあなたがオンラインでハイヒールの通販サイトを運営しているなら、「ハイヒール　通販」で検索されたときに以下のように指定して広告を出すことができます。

例）あなたは、オンラインでハイヒールの通販サイトを運営しています。

「ハイヒール　通販」で検索された場合―

【タイトル】国内最大級のハイヒール通販
【表示URL】example.com
【広告本文】気に入らなかったら返品OK！
送料０円でハイヒールをお取り寄せ！

検索連動型広告は「キーワード」と「広告文」以外にも下記のように様々な設定が可能です。

- 広告を表示させる曜日や時間帯
- スマホPCタブレットなどのデバイス指定
- 提携メディアへの広告配信
- １度訪問したユーザーへのターゲティング
- 不要なクリックが入っているキーワードの除外
- 広告文のABテスト
- 東京千葉埼玉などの地域指定
- １日に使う予算の上限設定

このような設定を組み合わせることで、クリックの無駄を防ぎ、サイトに訪れてほしいユーザーだけに絞り込んで広告を配信することも可能です。例えば、以下のような組み合わせが可能です。

例）東京都内で出張パソコン買取サービスをしている会社

【キーワード】
- パソコン　買取
- パソコン　価格（新しいものを買うということは古いのを売るかも）
- 粗大ごみ　パソコン
- PC　不用品
- PC　捨て方

【配信例】
- スマートフォンで検索されたときのみ広告を表示させる
- 問い合わせの少なくなる20時～朝7時までの配信を止める
- 東京都内で検索したユーザーにのみ広告を表示させる

入札の仕組み

検索連動型広告の最大の特徴である入札の仕組みについて理解しておきましょう。

GoogleやYahoo!の検索連動型広告は、複雑な指標がからみ合って単価が決まっています。このロジックの詳細は公表されているわけではないのでここで書いてあることが全てではありませんが、大まかに理解するには事足ります。

❶

「ハイヒール 通販」と
検索された時に広告を出そう！

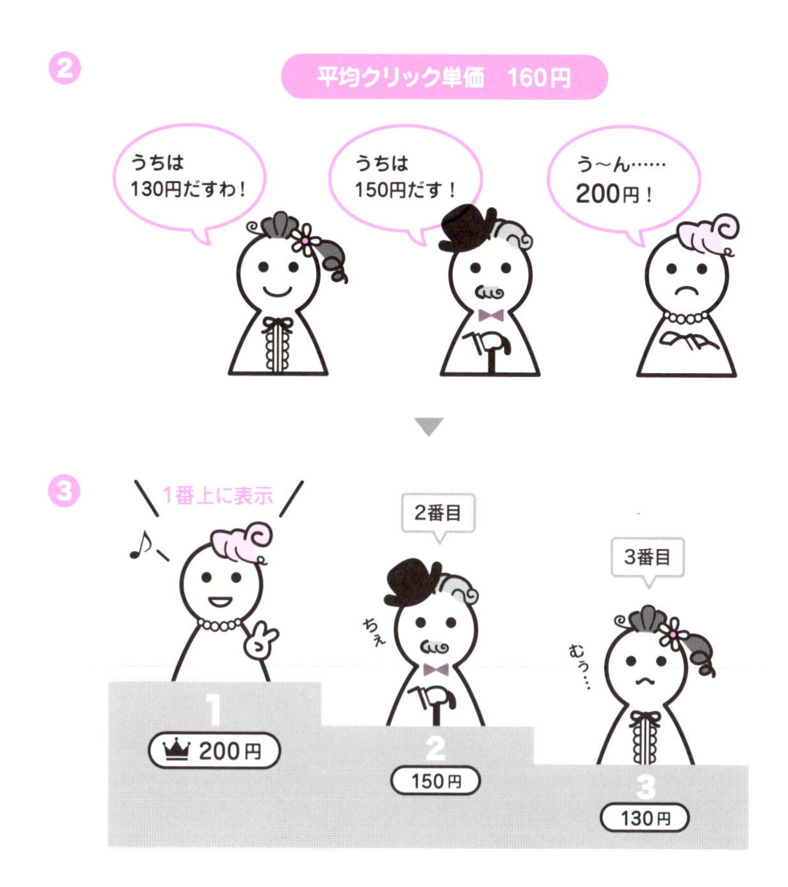

このように、複数人が同じキーワードで広告を表示させたいときには、一番お金を多く支払った人の広告が一番上に表示される割合が高くなります。

ただし、広告掲載位置の上位表示は入札単価だけではなく、広告ランクなど、様々な指標で決定されます。しかし、単価の影響はかなり大きなものがあります。

人気のキーワードほど自社の広告を上位に表示させたいですし、体力のある大手企業ほど1クリックにかけられる金額が大きくなるため激戦です。そのためPPC広告は「札束で殴りあう広告」と私は勝手に思っています。

特に大手企業の場合は、とにかく1位に表示させる「No.1戦略」を使ってくることも多いです。私達中小企業は1クリックの単価を安く抑え、少しでも利益

を伸ばそうとしますが、大手の場合は期末の予算消化など採算度外視で入札している場合もあります。

ブランディングのためにもとにかく1位を取るために予算は気にしない場合もあります。

過去に「1回の購入にかかるコストを大幅に削減することができましたよ！」という報告をしたときに「まぁでも広告費は使い切ってください」なんて言われることもありました。

弊社としては、予算をたくさん使えて楽ではありますが、なんとまぁ贅沢な話ですね。

あなたの業種にも、競合大手は存在すると思います。こんな「広告費使いまくりの大手会社」の話をすると、不安に思う方も多いと思います。

うちの商品はキーワードの単価も高いし
大手も広告出してるし無理だよ！

なんて思ってしまうかもしれません。でも、ご安心ください。

札束での殴りあいに参加せず、抜け道で稼ぐ方法もあります。広告出稿の際にいろいろな設定ができることは書きましたが、これを細かく行えば1クリックの単価が安いものから刈り取ったり、ターゲットにドンピシャなサイトを用意したりできます。工夫することで、少ない予算でも大手と戦えるようになるのです。このとき重要になってくるのが「品質スコア」という指標です。

広告の質を決める「品質スコア(品質インデックス)」とは

GoogleやYahoo!には広告の質を1～10までの10段階で評価する仕組みがあります。

Googleなら「品質スコア」、Yahoo!なら「品質インデックス」と呼び、業界では大抵「品質スコア」と呼ばれています。本書では、以降は「品質スコア」で統一します。品質スコアが高いと何が良くなるのかというと、広告の表示位置が上の方に表示されたり、１クリックの単価が安くなったりします。

一般的には１番上の広告が一番クリック単価が高いと思われがちですが、実は１番上にあっても品質スコアが高い広告は他の２番目以降の掲載順位の広告よりクリック単価が安いなんて場合もあります。

大手企業の広告でしばしば「品質スコアが低くてクリック単価が無駄に高い」というケースを見かけます。こちらは、少しでも単価を安く抑えるような戦い方をしましょう。

「ユーザーに支持を得ている広告」とGoogleやYahoo!のシステムに評価されることで品質スコアは上がります。品質スコアの詳細のロジックは非公開ですが、下記の条件が一般的に考えられている指標です。

品質スコア アップ条件①

●よくクリックされる

よくクリックされる広告は、ユーザーの検索キーワードと広告の連動性が高いと判断されます。ハイヒールの通販サイトだからといって「ハイヒールももこ」を検索したときにハイヒールの広告を出しても、誰もクリックしてくれません。

品質スコア アップ条件②

●Webサイトに関連するテキストが入っている

「ハイヒールの通販に関連するキーワードが入っているかどうか」ですが、これは特に意識して過剰に入れなくても、普通は連動しているはずです。ただし、縦長のランディングページで全部画像にしている場合はこれに反しますので、改善しましょう。

品質スコア アップ条件③

●サイトの質が高い

スマホ対応や問い合わせ、申し込みの導線、情報の信ぴょう性などが評価対象になります。スマホ対応の指標はわかりやすいのですが、導線やサイトの質を検索エンジン側がどう判断しているかは非公開なので細かく定義することができません。私達は一つの指標として、広告の飛び先ページの滞在時間や離脱率を見ています。

前ページのような点を注意して品質スコアを上げましょう。では、品質スコアは何点を目指すべきでしょうか。指名検索（社名やブランドの名前など）だと7点以上で、その他の広告で6点以上を目指しましょう。

理由は、6点以上くらいまで上げると単価が下がり出すからです。また、その他の指名やブランドキーワード以外のキーワードで7点以上を目指すのはなかなか難しいからです。

参考リンク：品質スコアについてー Adworsヘルプー
https://support.google.com/adwords/answer/2454010?hl=ja

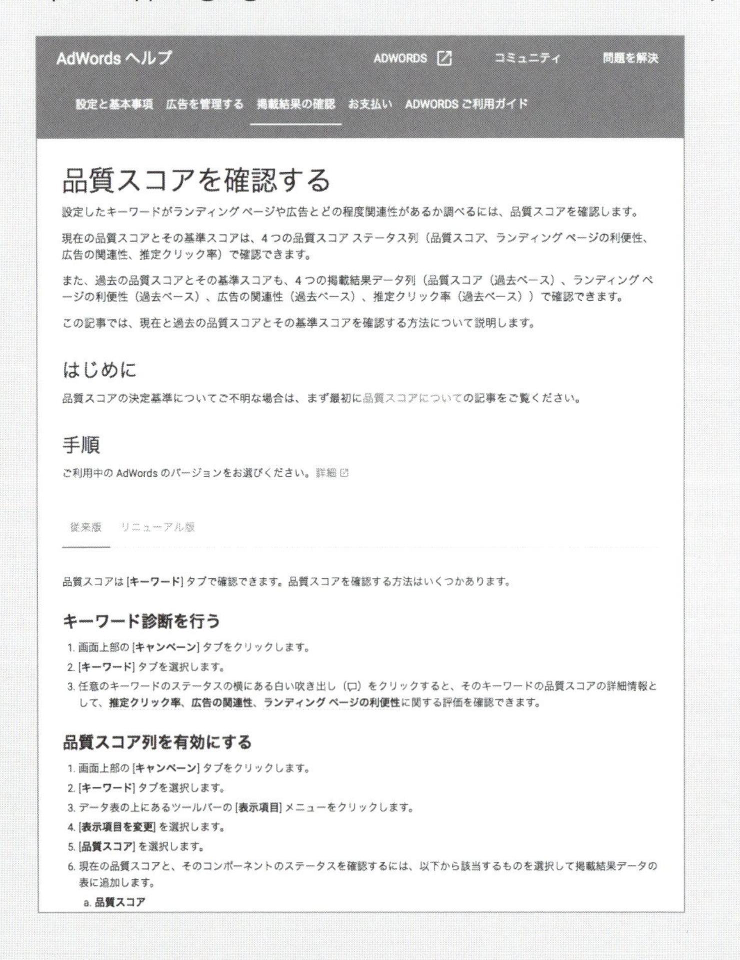
AdWords ヘルプ　ADWORDS　コミュニティ　問題を解決

設定と基本事項　広告を管理する　掲載結果の確認　お支払い　ADWORDS ご利用ガイド

品質スコアを確認する

設定したキーワードがランディング ページや広告とどの程度関連性があるか調べるには、品質スコアを確認します。

現在の品質スコアとその基準スコアは、4つの品質スコア ステータス列（品質スコア、ランディング ページの利便性、広告の関連性、推定クリック率）で確認できます。

また、過去の品質スコアとその基準スコアも、4つの掲載結果データ列（品質スコア（過去ベース）、ランディング ページの利便性（過去ベース）、広告の関連性（過去ベース）、推定クリック率（過去ベース））で確認できます。

この記事では、現在と過去の品質スコアとその基準スコアを確認する方法について説明します。

はじめに

品質スコアの決定基準についてご不明な場合は、まず最初に品質スコアについての記事をご覧ください。

手順

ご利用中の AdWords のバージョンをお選びください。詳細

従来版　リニューアル版

品質スコアは [**キーワード**] タブで確認できます。品質スコアを確認する方法はいくつかあります。

キーワード診断を行う

1. 画面上部の [**キャンペーン**] タブをクリックします。
2. [**キーワード**] タブを選択します。
3. 任意のキーワードのステータスの横にある白い吹き出し（□）をクリックすると、そのキーワードの品質スコアの詳細情報として、**推定クリック率**、**広告の関連性**、**ランディング ページの利便性**に関する評価を確認できます。

品質スコア列を有効にする

1. 画面上部の [**キャンペーン**] タブをクリックします。
2. [**キーワード**] タブを選択します。
3. データ表の上にあるツールバーの [**表示項目**] メニューをクリックします。
4. [**表示項目を変更**] を選択します。
5. [**品質スコア**] を選択します。
6. 現在の品質スコアと、そのコンポーネントのステータスを確認するには、以下から該当するものを選択して掲載結果データの表に追加します。
   a. **品質スコア**

Section 04-03 リターゲティング広告(追いかける広告)

「リターゲティング広告」は重要

127ページで検索連動型広告の様々な機能を紹介しましたが、その1つに「リターゲティング広告」という手法があります。これは必ず覚えておいてほしいと思います。リターゲティング広告とはひとことで言うと、

「1度サイトに訪れたユーザーをマーキングして広告を再表示する」

そういう設定です。

簡単にデモンストレーションをしてみましょう。まず、私のランディングページ（http://fwh-landingpage.com）にアクセスしてみてください。

そして次に、あなたがよく見るブログやサイトにアクセスしてみてください。

そうすると、私が登場するバナーかうちの会社のバナーが表示されているはずです（もし表示されなかったら時間をあけてまたあとで見てみるか、別のサイトを開いてみてください）。これがリターゲティング広告です。

リターゲティング広告は「1度サイトに訪問してきたユーザーは見込み客だろう」という仮定の基、配信しています。多くのユーザーは1度見ただけでそのサイトから商品を買ったり、申し込んだりはしません。ほとんどの場合は一度見て、サイトを閉じて、必要に迫られたときにまた検索します。

これを「検討期間」と呼びます。業種業態によって検討期間は違います。例えば鍵を紛失してしまって家に入れない状況なら、検討期間は0でしょう。すぐに検索し、広告をクリックし、料金を確認し、電話をかけて家に急行してもらいますよね。

しかし多くの場合は必要に差し迫られるまではアクションを起こしたりはしません。せっかくクリック型課金でサイトに呼び込んでいるのに、これじゃあ意味がありません。そこで、このリターゲティング広告という方法を使います。

「1度サイトに訪れたユーザーに広告を再表示する」広告です。Webページにタグを埋め込んで、そのページを踏んだユーザーをマーキングしてバナーやテキスト広告を配信します。

私の会社のサイトではTOPページにタグを埋め込んでいますが、申し込みページだけに埋め込むというようなこともできます。

リターゲティング広告の話をすると良く聞かれるのが「ユーザーに嫌われませんか？」といった質問です。結論から言いますが、それは無いです。

「リターゲティング広告」はユーザーに嫌われる？

あなたは、Webページの上部やサイドバナーを見て、腹を立てたりクレームを入れたりしたことはありますか？　おそらく無いはずです。Webサイトに広告が入っているなんて当たり前ですし、どの会社の広告が何度出たかをわざわざ気にはしないでしょう。

放っておいてもWeb上は広告だらけですし、一歩外に出れば広告だらけ、テレビを見てても広告だらけですので、そんなに気にしてる人はいません（ただし、人をイラっとさせるような広告はやめましょう）。

レアケースとして、大手葬儀サービスを提供する会社を担当したときには、バナーを出しすぎて2件くらいクレームがきたという話はありましたが、そのたった2件の為にこんなに強力な配信方法をやめてしまう理由にはなりません。

ちなみにこの「広告の再表示」は、配信する期限を決めることができます。

あまり長期に渡って配信しても成約につながらない場合、「1週間だけ再表示させる」とか「30日だけにする」などの設定が可能です。

あなたのビジネスの平均的な検討期間に合わせるか、何日目に成約したかも管理画面で追えるので、日数を調整しましょう。

Section 04-04

ディスプレイネットワーク広告(ばら撒く広告)

質の高いサイトに配信される

「リターゲティング広告」と併せて覚えておいて欲しいのが「ディスプレイネットワーク広告」という手法です。こちらも126ページで解説した検索連動型広告の様々な機能の1つになります。

ディスプレイネットワーク広告は、GoogleやYahoo!の提携メディアに配信される広告です。ネットサーフィンをしていて、ブログやWebサイトの記事に混じって、以下のように表示されている広告です。

バナーの右上に広告配信元のアイコンが付き、テキスト広告も配信元が明記されています(これらが付いていないものは純広告と呼ばれ、メディア側が独自で掲載している広告です)。

ディスプレイネットワーク広告は、サイトの持ち主が「ここにGoogle(またはYahoo!など)の広告を貼ろう」と指定してタグを貼り付けています。

その広告がクリックされるとサイト運営側にも数円〜数十円落ちる仕組みで、この枠は、更新するたびにバナーやテキストの画像が変わります。基本的には「自分に関連性の高い広告」が優先的に配信されます。そう、リターゲティング広告です。

ですが、リターゲティング広告以外にも広告配信画面で広告を配信するサイトのジャンルを指定して配信することもできます。

例えば結婚相談所を運営しているのなら「結婚」「恋愛」「デート」などターゲットに近い属性が見ているサイトに配信することができるということです。また、テキスト広告、バナー広告、動画広告などの配信が可能です。

衝動買いできる商品や無料オファーに最適！

検索連動型広告は、インターネットで何か検索をしたときにキーワードに連動して広告が出ますが、ディスプレイネットワーク広告はサイトを見ているときに上や横に表示されるものです。最近では記事の中に広告を入れるケースも多くなってきています。

様々なWebサイトの広告枠に表示されるので、つまり広告を見る意識が低い状態で表示されるということでもあります。

このため、衝動買いできる商品（500円キャンペーンとか）や無料のオファー、ブランディング、リターゲティングをするときに効果的です。スマホゲームなど対象が広い場合もこの手法が活用できます。

このディスプレイネットワーク広告もクリック型課金ですが、クリック料金は検索広告とくらべて低い傾向にあります。

しかし調整を怠るとあっという間に広告費が無くなって成約を生んでいないなんてこともあるので注意が必要です。また、定期的に配信しても意味のなさそうなサイトを除外するなど細かいメンテも必要です。

ここ数年で、検索の利用時間は減少傾向にあります。最近では、FacebookやTwitter、LINEなどのプラットフォームから流れてくる情報を閲覧する時間が増えていて検索に費やす時間が減ってきているのです。

元々検索をしている時間よりサイトを見ている時間の方が長いので、このディスプレイネットワーク広告をうまく活用できれば低い単価で多くのクリックを稼ぐことができます。

コツは「必要な見込み客にクリックされるようなオファーにする」です。

ディスプレイネットワークで集めるためのキャンペーンを作るなどして、検索広告のときとは違った訴求をするようにしましょう。

そのほか、いろいろな配信

例えばYouTubeに広告を出すこともできます。YouTube広告はまだまだクリック単価が低い（数円なんてことも！）のでチャンスが眠っているでしょう。

Gmailに広告を出すことなどもできます。Googleにはなく、Yahoo!でしかできない配信方法もあるので、あなたのビジネスの見込み客のことをよく考えて、戦略的に配信しましょう。

Google/Yahoo!広告のまとめ

検索結果に出すものや、サイトの中に配信するもの、再表示するものや動画に出てくる広告など、とにかく広告ネットワークの範囲はやたらと広いです。

ビジネスの内容や訴求したいターゲットによってどこにどうやって出すか、また広告を出す先によってキャンペーンや商品を変えるなど、手法は大きく変わってきます。

全てに共通して言えることは、やたらめったら出せばいいわけではなくて、ターゲットに合わせた配信をすることと、配信をきちんと管理することです。

特に広告運用は細かくチェックしつつ、少しずつ効果を高めていく地道な努力が必要です。ベンダーを探すときは、そういった細かい設定や提案をしてくれるかどうかが大きな判断材料になります。

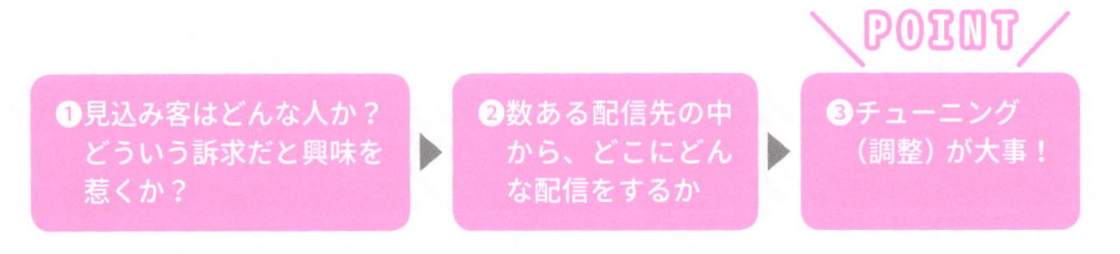

この流れで広告投下を考えましょう。

Section 04-05 ソーシャル広告での集客について

SNS広告は今や必須の配信方法

GoogleやYahoo!の広告について理解したら、次はソーシャル広告です。

ソーシャル広告とは、Facebook/Twitter/Instagramなど、ソーシャル・ネットワークを利用した広告配信手段です。ソーシャル広告はランディングページとの相性は抜群で、検索広告同様、超強力な広告配信手法です。2018年現在では、一番アツイ広告と言えるかもしれません。

■ 検索広告の仕組み

先述したGoogleやYahoo!の検索広告は、キーワードに連動して広告が表示されるので、ユーザーの流れは以下のような形でした。

■ ソーシャル広告の仕組み

上の流れでは、基本的にユーザーにニーズがあるところに広告が表示されます。対してソーシャル広告は、SNSのタイムラインにフォロワーの発信に混じって表示されるような形などで配信されます。

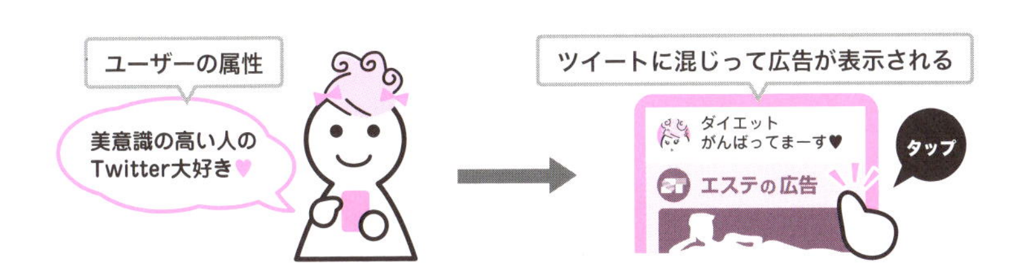

属性で絞った配信が可能

「興味関心が全く無いユーザーに表示されちゃうんじゃないの？」と思うかもしれませんが、そうではありません。ソーシャル広告の最大の特徴は「ユーザーの属性」に絞って配信ができるところにあります。

136ページで解説した「ディスプレイネットワーク広告」も「○○に感心がある人」のようなターゲティングはできますが、精度が高いとは言えません。ある程度マスでとっていくような戦略になります。

ですがFacebook広告なら例えば「プロフィールに既婚と入ってる人」「東京都在住になってる人」「スポーツに興味がある人」というような絞り込みが可能です。Twitter広告であれば「SUUMOのアカウントをフォローしている人」のようなこともできます。

「ユーザーの属性」に絞って配信ができるのが最大の特徴！

Facebook広告

・プロフィールに既婚と入ってる人
・東京都在住になってる人
・スポーツ関連の投稿にいいねしている人

Twitter広告

・SUUMOのアカウントをフォローしている人
・Twitter上の行動から興味や関心がありそうな人

このように、ターゲットの属性や興味関心に絞り込んだ配信ができることが大きな特徴です。

正直、検索広告とソーシャル広告を細かく改善したうえで集客できなかったら、商品のコンセプトを見直すか、サイトを見直すか、根本的な改善が必要です。売れる商品はだいたい検索広告とソーシャル広告で売れるからです（オウンドメディアで売る方法は後述します）。

しかし、Facebook/Twitter/Instagramはそれぞれ配信手法や使っているユーザーの層が違うので、当然商品ごとに向き不向きがあります。

次ページから、それぞれの特徴を解説するので、あなたのビジネスに合ったものを選びましょう。

Section 04-06 Facebook広告で集客しよう

Facebook広告の特徴

まずは、Facebook広告の表示例を見てみましょう。Facebook広告は、下図のように表示されます。

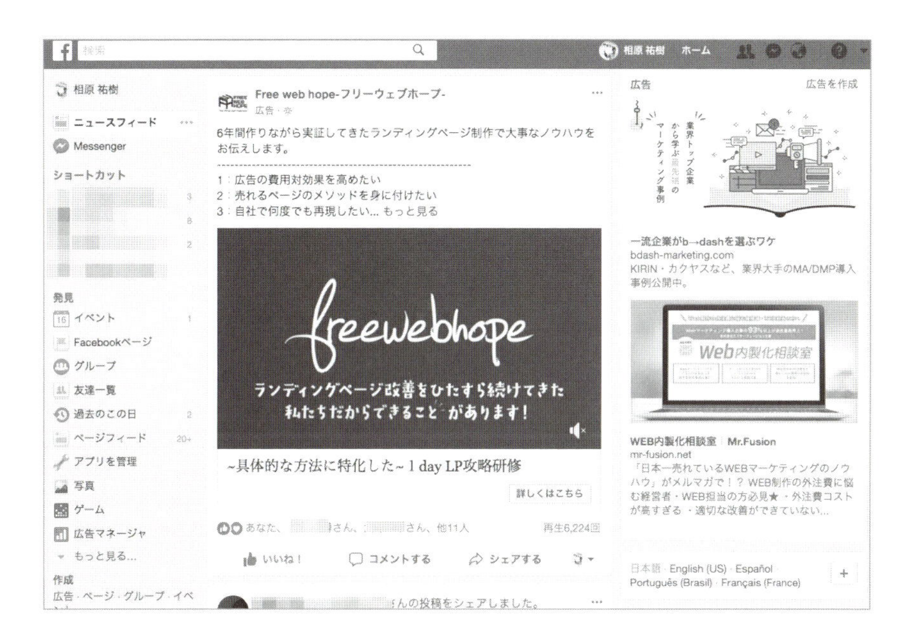

Facebook広告は、広告文／バナー／広告文というような表示ができ、タイムラインにはバナー＋テキスト、動画＋テキストの２種類の広告出稿が可能です。右サイド広告はバナー＋テキストが出稿可能です。

Facebook広告で効果を発揮する商品

Facebook広告で効果を発揮する商品は、次のような商品です。

- PDFやレポートのダウンロード
- 転職系サービス
- 無料登録系サービス
- 業務で使うツールなど
- ダイエットやアプリなど幅広く需要のあるもの

コンシューマ向け（一般消費者向け）なら、下調べの要らないサービスは効果が出やすい傾向があります。

例えば「外壁塗装サービス」をやっている場合、Facebook広告を見て外壁塗装に依頼するのはなかなかハードルが高いですよね。普通はこのような高額商品はFacebook広告を見て申し込む前に、下調べをするでしょう。

ですのでこの場合は「あなたのおうちは大丈夫？　外壁劣化を今すぐチェック！」のような広告文にして診断サイトへ飛ばし、資料ダウンロードなどに繋げたほうがいいでしょう。

結果が出やすいサービス

- PDFやレポートのダウンロード
- 転職系サービス　・無料登録系サービス
- ツール系サービス

結果が出にくいサービス

- 下調べをしてから買う高額な商品、サービスの購入

直接の購入ではなく「資料のダウンロード」などを目標にする

Facebook広告を成功させるコツ

Facebookには「フリークエンシー」という指標があります。これは、１人のユーザーに広告が何回表示されたか、という指標です。

Facebook広告では、一度でも広告をクリックしたユーザーには定期的に配信されるようになり、スルーしたユーザーへは広告は配信されにくくなります。

Facebookは基本理念として「ユーザーが興味の無い広告は配信しないようにしよう」という方針を持っています。１度でもスルーされると、広告が出なくなることもあるので、広告の配信数はどんどん減ります。

なのでフリークエンシーが高い＝１人のユーザーに何度も広告が表示されている、となると当然広告のクリック率は落ち、Facebookのアルゴリズムでは配信を抑制しようとします。

そうすると、広告の配信数が絞られるので、ランディングページに誘導できるユーザー数は減り、効果が落ちてきてしまいます。

■広告バナーと広告文を大量に準備する

これを回避するために、Facebook広告の場合、バナーと広告文を大量に用意します。それこそ毎日変えるレベルで用意しましょう。

こうすることで、１度表示されてスルーしたユーザーでもクリックしてくれるかもしれません。そうした結果フリークエンシーが高くてもクリック率の高さから配信の抑制を回避することに繋がります。

バナーの注意点としては、あまりデザインにこだわりすぎないことも挙げられます。Facebookの場合はあまり凝ったバナーにすると、広告っぽさが強すぎて嫌われてしまう傾向があります。シンプルなバナーにした方が効果が高いです。

■最初はユーザーを限定しすぎない

Facebook広告はユーザーの属性を絞れるという話をしましたが、最初はあまり絞らずに、徐々に狭めていくほうが効果的です。

結局のところ、どんなユーザーが成約するかはやってみないとわからないところが多いからです。また広告管理機能がそこまで充実していないので、GoogleやYahoo!の広告のようにはいかない面も多いです。

検証しつつ配信するためにも、広くリーチを取り、そしてバナーを大量に用意して配信していきましょう。

Facebook広告の配信セグメント

Facebook広告で配信できるターゲットのセグメントはこんな感じです。

・地域　・年齢　・性別　・言語

ターゲット

新しいオーディエンス ▼

ビジネスをすでに知っている人を広告のターゲットに
カスタムオーディエンスを作成して、連絡先やウェブサイトへのアクセス者、アプリユーザーに広告を配信できます。カスタムオーディエンスを作成。

地域　この地域のすべての人 ▼
日本
Chiba Prefecture
Kanagawa Prefecture
Saitama Prefecture
Tokyo
次を含める: ▼　国、都道府県、市区町村、DMA、郵便番号

年齢　21 ▼ - 28 ▼

性別　すべて　男性　女性

言語　イタリア語

*時期によって変更されている可能性がありますので
最新情報をチェックしてください。

■効果が出やすい属性

Facebook広告で効果が出やすい属性は以下のような傾向があります。

- 26歳以上の男女
- Facebook広告の基本ステータス（既婚/未婚とか）に則って配信できる商品

Facebook広告は上手に運用すれば、今一番効果が高い広告かもしれません。まずは小口で運用をしてみて、感覚を掴んだ方がいいでしょう。

最新のニュースを敏感にチェックするとよいですね。Facebook広告に関するセミナーや勉強会を見つけたらすぐに申し込み、勉強しましょう。

Section 04-07 Twitter広告で集客する

Twitter広告の特徴

Facebook広告と同じくターゲットの属性によってはTwitter広告も効果的です。日本のTwitterユーザー数は世界第二位と言われているほど、日本のTwitterユーザー数は多いです。推定で2,000万人以上と言われており、とくに若年層へ向けたマーケティング活動の場として、全く無視できない規模です。下記が広告の表示イメージです。

Twitter広告表示例

配信表示方法は様々用意されています。

- 静止画
- 複数の静止画
- GIF
- 動画
- アプリのダウンロード用
- 大きい画像

など、プロモーションのアイデアによって表示方法を変更できるところが、Twitter広告の強みの1つです（時期によって変更されている可能性があるので最新情報をチェックしてください）。自社商品のアイデアによって、うまく使い分けていきましょう。

2種類のTwitter広告の配信方法について

Twitter広告の配信方法は2種類あります。

「自身のアカウントから直接広告配信を行うセルフサービス式」(ads.twitter.com/) と「Yahoo!スポンサードサーチ内から設定して配信する方法」(http://topics.marketing.Yahoo!.co.jp/twitter/cp/) です。

■セルフサービス式とYahoo!との違い

セルフサービス式Twitter広告とYahoo!スポンサードサーチで配信するTwitter広告には、機能など一部の違いがあります。

違い①

●決済方法が違う

Yahoo!の方は振り込みとクレジットカードの両方、セルフの方はクレジットカードのみ(AMEXは使えません)

違い②

●配信キャンペーンが違う

セルフサービス式のみ、動画やリードを集める目的のキャンペーンがつくれます。

違い③

●サポートがオンラインのみ

セルフサービスでやる場合はサポートがメールのみです。Yahoo!で配信するとYahoo!の電話サポートが受けられます。

Twitterユーザーの属性に合わせた商品で活用しよう

Twitter広告は10代～20代前半がターゲットとなる商品に強みを発揮します。例えば、10代向けのアルバイト情報や割引チケットなど、Twitterユーザーの属性に合わせた商品のプロモーションが効果的ですね。

コンバージョン目的以外にもフォロワーを増やしたり、ブランド認知を高めたりしたい場合に効果的です。

メディアサイトを運営している場合は記事のブーストにも役立ちます(これはFacebookでも同じ手法でブーストできます)。直接のコンバージョン以外にも、間接的なセールスに繋がるのが、Twitter広告の強みです。

Section 04-08 Instagram広告で集客する

Instagram広告の特徴

Instagramの広告もTwitter同様に効果的です。とくに、高校生・大学生などの若年層に訴求できる貴重な方法です。

Instagram広告は画像や動画で訴求できるサービスであれば効果的です。

若年層も多い為、高校生や大学生に向けたキャンペーン展開も可能です。もちろん、20代中盤以降のユーザーも多く存在するので、画像や動画でサービス訴求できるものであればチャレンジしてみましょう。

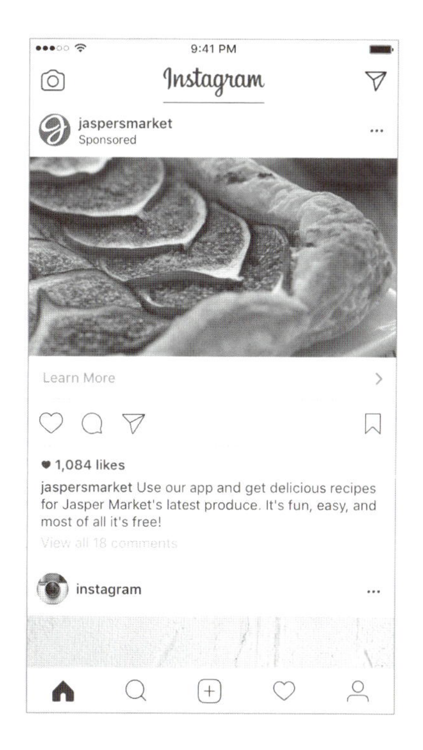

■表示方法はTwitter広告に比べて少なめ

2015年10月から日本でもサービスを開始したInstagram広告は、まだ長方形か正方形か、動画か静止画かの表示方法しか選択肢がありません。本書を執筆している2018年1月現在では、まだInstagram広告は発展途上です。今後も機能や仕様の変更が何度もあるでしょう。

しかし、Instagram広告はサービス開始からまだ日が浅いからこそ、広告効果は高いといえます。ユーザーがまだ広告に慣れていないからです。乱暴な言い方をすると、広告と認識されないままクリックされる可能性も大いにありえるということです。

Instagram広告の出稿方法

Instagramに広告を出すには、Facebook広告のアカウントを開設している必要があります。

facebookビジネスマネージャ（平たく言うと広告管理画面）からInstagram広告を連携させ、設定を行います。配信できるターゲットは地域や年齢性別など様々です。※Facebookでのユーザー登録情報を基にしています

FacebookやTwitter広告と同様に、写真or動画＋テキストという配信ができます。

効果的な業種

写真や動画で訴求が可能なビジネスが効果的、そして写真や動画は「また見たくなるもの」「紹介したくなるもの」を基準に投稿しましょう。例えば…

- フラワーギフト
- フィットネスジム
- 美容商品
- アパレルブランド
- スマホケース・カフェ
- おとりよせ食品
- 便利グッズ（事務用品～キッチン雑貨など）
- 店舗のクーポン

など、利用シーンを訴求できる写真や動画、またその商品を使っているシーンが「かわいい」「おしゃれ」などで訴求できるものは相性が良いです。

Section 04-09 アフィリエイトで集客する

中小企業の難易度は低くはない

アフィリエイト集客はインターネット集客のうち、成果報酬でできる代表的な集客方法です。

成果報酬と聞くと「無駄が少ないイメージだから是非やってみたい！」と思う人も多いですが、アフィリエイトでの成功はなかなか難しいものがあります。

なぜなら、アフィリエイターに紹介されるには「圧倒的な商品力」が必要だからです。これは、自分がアフィリエイター側になって考えるとわかりやすいです。仕組みはこういうことです。

■アフィリエイターやブロガーはどんな収益方法があるか

あなたがブロガーやサイトの管理者で、そこそこのPVを持っているとしたら「このサイトで収益を上げよう」と考えると思います。

例えばメディア運営で食べていきたいと考える「100万PVのブロガー」。この人がブログを収益化しようと思ったとき、以下の３つの選択肢の中から検討するでしょう。

①自分で営業して、広告掲載を取ってくる（20万～30万くらい）
②Googleのアドセンスを貼ってみる
③アフィリエイトで子供服やベビー用品を売って収益のキックバックを得る

①の自分で広告掲載を取ってくる場合は、売り込み先を自分で決めることができます。好感度の高い企業の広告にしたり、自分のサイトと親和性の高い広告にしたり、調整ができます（ここでは、営業力などは一旦無視して考えます）。

②のGoogleのアドセンスはGoogleが勝手にユーザーひとりひとりに広告を

最適化してくれるので楽ですね。ただし、収益性は下がります。
③のアフィリエイトは商品の種類やキックバックの金額を見て、掲載する商品を決定することができます。

一見するとどれもメリットがありますね。①〜③をバランス良く取り入れるブロガーは多いと思います。その中で③のアフィリエイトを選んだブロガーがいたとして、その人に「あなたの商品が」選ばれるのはどれくらいの確率でしょうか。実は、かなり少ないのです。

■大手企業の商品がアフィリエイターに強いわけ

サイト運営者は「売れる超優良商品」でなおかつ「キックバック率が高い」ものを好むからです。
そしてまともなサイト運営者は自分のサイトの信用性やブランドを大事にしますから、「その商品を販売してクレームになったりしないか」にも気を使います。そうなると「大手の出している広告の方がなんとなく安心だな」と思われて、大手企業の広告が取り扱われやすいのです。
「わけのわからない怪しい会社が売っているおせちを取り扱ってクレームになったらたまったもんじゃあない」と思われてしまうのです。

デメリットもわかった上で利用すること

「でも一応完全成果報酬なんだし、出しておけばデメリットはないんじゃない？」もしこう思ったのなら、それはちょっと危険な考え方です。

なぜなら、アフィリエイトサイトも真面目にやっているサイトは一部で、ほとんどはロクなサイトがないからです。
ブログに適当なことを書いて適当なアフィリエイトを貼っていたり、高バック商品ならなんでもおかまいなしに貼っていたりするサイトも少なくありません。
もしそんなところに自分の商品が紹介されていたら、どうでしょうか。そのサイト経由で売れていないなら、確かにお金はかかりませんが、あなたの会社のブランドに傷が付きます。
　もちろん配信先を絞ることは可能です。ですが「取り敢えず出しておこう」くらいの軽い気持ちで商品を出すと管理も面倒で、費用対効果が悪いです。

売れる商品、または売りやすい商品にすること

　では、アフィリエイトをどのように活用すればいいのでしょうか。
　答えはもちろん「売れる商品（売りやすい商品）にすること」です。売れない商品は誰も取り扱いません。逆に言えば、キックバックが薄くても、売れるものや他で取り扱っていないものなら取り扱ってもらえます。こういった商品が特にA8のトップアフィリエイターに取り扱われたりすると、そこそこ売れます。

■「売りやすい商品」とは何なのか

　どんな商品が売れるのか？　「売りやすい」とは具体的になんなのかというと、

- 他が取り扱っていなくて希少性が高い
- 独自性が高い（例えば餃子の通販であれば、餃子の食べ比べセットなどオリジナルに昇華させる）
- 流行りにのっかる（ある程度売れるがおすすめしない）

　こういった商品です。この特徴で売れる商品というのは、何もアフィリエイトに限ったことではないですよね。
　ただ、最大の特徴はサイト運営者（アフィリエイター）が取り扱うかどうかを判断するということです。
　GoogleやYahoo!の広告はお金を払えばキーワードと連動して出てきますが、アフィリエイトの場合はサイト運営者がそれぞれ売れるかどうかを判断して掲載します。

Amazonや楽天を使ってアフィリエイトをしてもらうのも◎

　情報が薄くアフィリエイトリンクだらけの質の低いアフィリエイトサイトは、なんでもかんでも掲載をして「1個でも売れればラッキー」みたいな感じなのでそんなところに掲載されたくないですし、第一こういう運営方針の人たちは高バ

ック商品のみを掲載します。

　こうした理由から、アフィリエイター経由で購入してもらうよりもAmazonに出品して取り扱ってもらったほうがハードルは低くなります。

　ネットユーザーのほとんどが、Amazonのアカウントを既に持っていますし、良い商品ならレビューも付きますね。

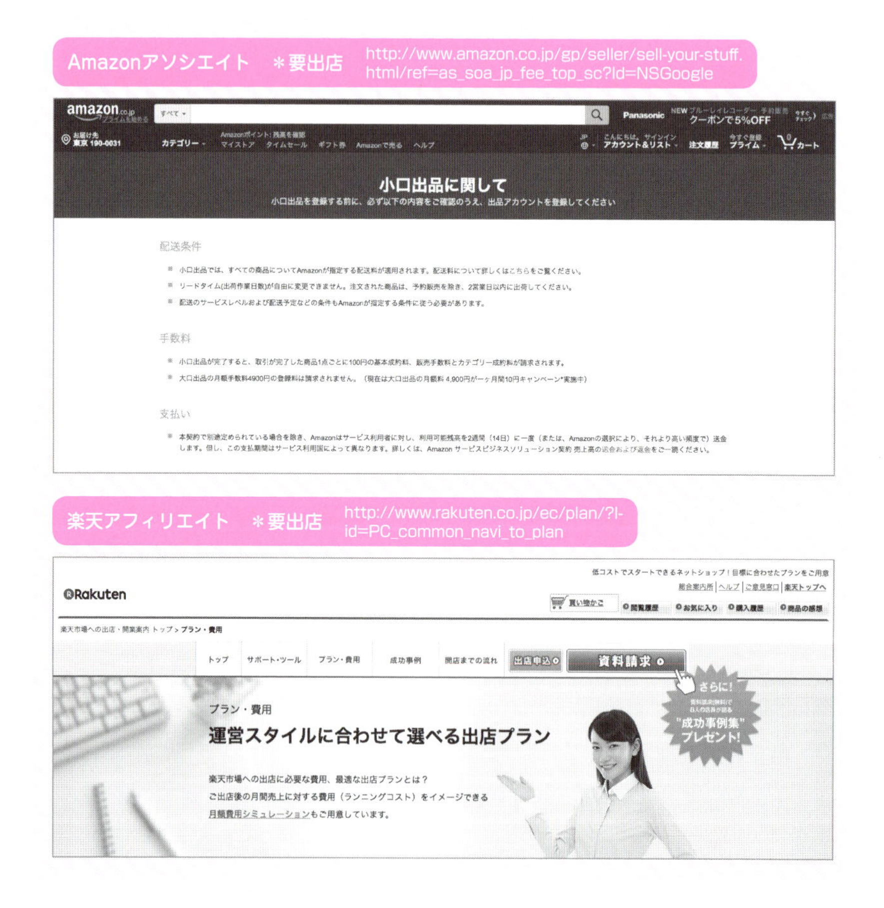

■それでもアフィリエイトしてみたい！

　あなたの商品がそれでもアフィリエイトで売れると思うのなら、下記が代表的なアフィリエイト会社のページなので、それぞれ出品してみましょう。うまく活用すれば、成功報酬で売り上げを作ることができます。

Affiliate B　https://www.afi-b.com/

A8.net　http://support.a8.net/ec/start/

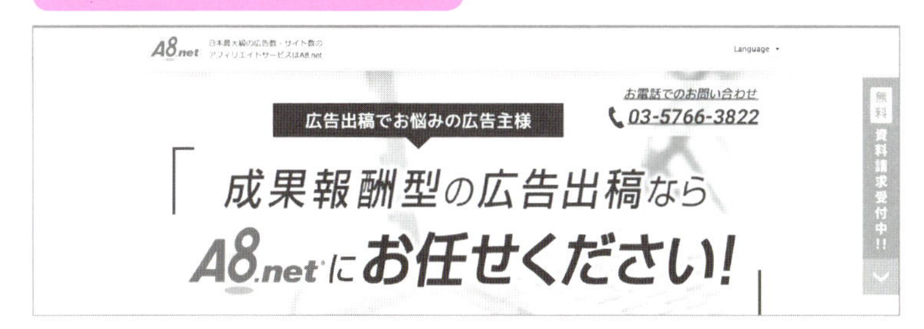

バリューコマース　https://www.valuecommerce.ne.jp/ecsite/

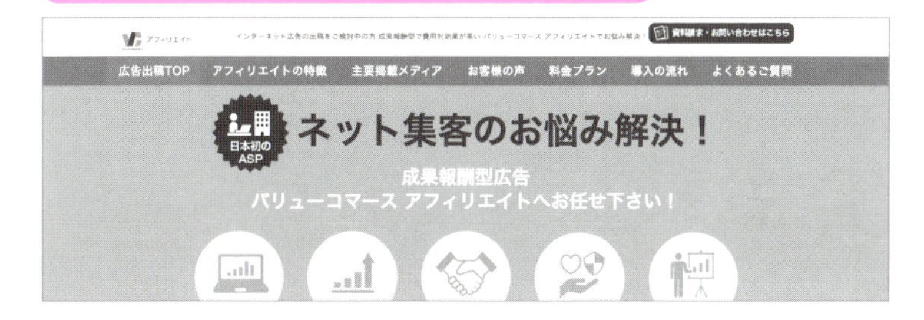

レントラックス　https://www.rentracks.co.jp/works/asp.html

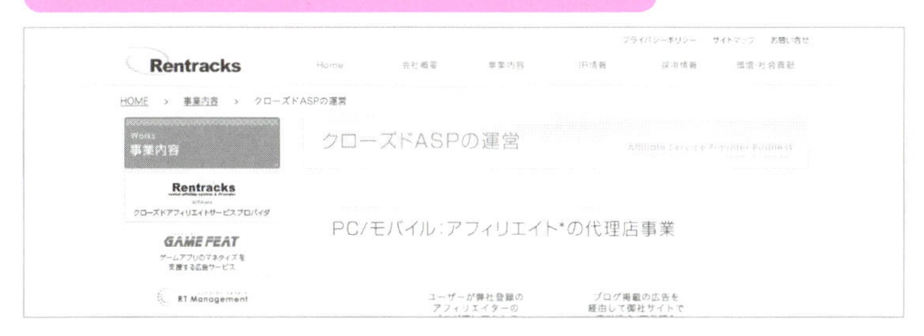

Section 04-10

広告で成功するために

費用対効果を最大化することを意識しよう

広告で利益を上げようとするならば、広告とは、カネでカネを買うような行為だと認識しましょう。ですので、お金を掛ける以上は費用対効果を最大化することを考えなければいけませんし、効果測定もしっかりしないと無駄金を投じることになります。

なんとなく30万使って、なんとなく回収したかどうか、なんてことでは広告効果を最大化することはできません。販売コスト／反響獲得コスト／受注単価／ライフタイムバリューなど、広告効果はきっちり追いましょう。

ユーザーはもう、広告だと知っている

今までネットで主流だった検索広告やアフィリエイト広告に加えて、最近ではソーシャル広告の方が費用対効果が高い業種も増えてきています。

理由は当然、Googleで検索をしている時間よりもSNSやWebサイトを眺めている時間の方が長いからです。

そして最近のユーザーは、Webサイト上のどこにどのように広告が入っているかを知っています。記事の下に入っているものや右上のバナーが広告だなんてことは、もう既に認識しているわけです。

これに対して広告主は様々な対策を考えなければなりません。

広告バナーをクリックした先のページをコンテンツふう（あるいはコンテンツそのもの）にしたり、SNSやWebサイトから遷移したときに違和感のないものにするケースも増えてきています。これについては、160ページの「記事型ランディングページ」で解説しています。

媒体ごとに特性を変えていこう

どれも同じように広告出稿していればよい時代はもう終わりました。広告を打つ媒体ごとに特性を押さえて、費用対効果を最大化しましょう。媒体ごとにどのような対策をとればよいかを簡単に紹介します。

検索広告

購入の動機が高いキーワードを入札しているので、ランディングページで刈り取りする。

Facebook広告

タイムラインを見ているときになんとなく流れてくるので、無料オファーなどが効果的。

Twitter広告

友人にシェアしたくなるようなクーポン券やアプリのDL、スポットキャンペーンなどが効果的。

Instagram広告

フォローしたくなるような写真（コンテンツ）を配信し、クーポン券やユーザー登録が効果的。

SNS広告は直接商品を購入する動機が低いので、フロントエンド商品を用意したり、購入や登録などのハードルが低いほうが効果が高いです。これはGoogleやYahoo!のディスプレイネットワーク広告も同じです。

そしてGoogleやYahoo! の広告同様に、Facebook広告やTwitter広告にもリターゲティング機能があります（※執筆時現在）。

ですので、一度サイトに訪れたユーザーやメールアドレスのリストに対し、SNS上で広告を再配信することもできます。この方法であれば、購入意欲が必ずしも低い状態とは限りませんよね。

重要なのは広告媒体のユーザーや機能を理解し、媒体ごとの特性にマッチングするようなオファーや広告を出稿し、効果測定はきっちり行うということです。

オンライン広告は効果測定がしやすく、また「どういった広告だと効果的か」といったテストもしやすいのが特徴です。あなたのビジネスでの勝ちパターンが見えてくるまでは投資の期間も必要ですが、一度成功するとそれはあなたのビジネスの独自の集客ノウハウになりえます。

是非この章で紹介した広告施策を実践するか、あるいは詳しい人に相談をしてみて、真剣に広告で成功する道を考えてみましょう。

広告費が高いから悪いわけではない

「広告費が高い＝悪」と考える人もいます。しかし、考え方によっては広告費はどんどん増やしたほうがいいのです。

広告費が増えていくということは「広告をかければかけただけ集まる」ということなので、逆に勝ちパターンを見つけて青天井でいくくらいの気持ちでいたほうがいいです。

ただし、広告集客に頼り切ることにデメリットも多く存在します。

1．大資本と戦わなければならない
2．広告を止めたら売り上げも止まる
3．「広告費」という商品販売原価が上がる
4．プラットフォームや媒体依存なのでルール変更されたときに効果が上下する

「じゃあやっぱ広告だめじゃん！」というとそうでもありません。広告費とはバランスであって、それ単体に依存していてはいけないということです。

次Partでは「時間はかかるが広告費が一切かからない」集客方法である「コンテンツマーケティング」を解説します。

だからといって「コンテンツマーケティング」単体に依存することもよくないと私は考えます。とにかく、バランスが大事ということです。最終的には全部できれば最強なのです。

Part 5

広告費を大幅に下げる最強の集客術

Section

05-01 コンテンツマーケティングを行う

コンテンツマーケティングをはじめよう

本書ではランディングページの集客に広告を使用することをおすすめしていますが、やはり広告にはお金がかかります。集客にお金をかけたくない人はオウンドメディアを作成し「コンテンツマーケティング」で集客しましょう。

また広告で集客している人も、広告と合わせてコンテンツマーケティングも行えば広告費を減らすことができます。それ以外にもブランドイメージの向上や見込み客の教育など、メリットがたくさんあるので、ぜひコンテンツマーケティングにチャレンジしてほしいと思います。

ただし、コンテンツマーケティングは成果が出るまで時間がかかります。できれば即効性のある広告での集客を行いながら、コンテンツマーケティングを行うのがよいでしょう。

■コンテンツマーケティングとは

コンテンツマーケティングは、オウンドメディアなどでコンテンツ（多くの場合は記事）を発信して、ソーシャルや検索からの流入を促して見込み客を引き寄せ、商品の購入や問い合わせに繋げる方法です。

既にコンテンツマーケティングは一般化しており、一部ジャンルではむしろ一般化を通り越して飽和状態といえます。

しかし、今からはじめても遅いということはありません。ここにはまだまだチャンスが眠っています。

というのも、コンテンツをきちんと発信している業種はまだ少なく、多くのケースで失敗に終わっているからです。

あなたが今からしっかりとしたコンテンツマーケティングを行えば、ランディングページと合わせて更なる売上アップが見込めるでしょう。

■多くの人がコンテンツマーケティングで失敗している理由

コンテンツマーケティングに失敗する理由には、次のようなことがあげられます。

- コンテンツ・マーケティングをきちんと理解しないまま始めるので成果が出ない
- 記事を更新するには多くの時間を割かなければならない為、中途半端になる
- そもそもライターが居ないまま取り敢えず始める
- 記事のライティングを外部に委託してみたが質が低くPVが上がらない

おおよそこんなところです。片手間で取り組んでも間違いなく成功しないので着手のハードルが高く、しかも結果が出るまでに時間がかかるため、成功している事例が少ないのです。

このように、ハードルが高いのですが、ハードルが高いからこそ成功した時のインパクトは非常に大きいのがコンテンツマーケティングです。

■コンテンツマーケティングが成功すると…

コンテンツマーケティングが成功すると以下のようなことが起こります。

- 広告費をかけずに集客ができる
- ブランド価値を高め、独自のポジショニングを取れる
- 競合他社が追随しづらい

このように広告一遍等だった集客方法に、新たに集客チャネルを持てるようになります。

例えば月間で3万UU（ユニークユーザー数）のメディアを作ることができれば3万人に対して自社のブランドを認知できるチャンスがあるということです。

コンテンツマーケティングと購入意欲の高いPPC流入を比較するのは若干ナンセンスではありますが、ふつう3万人に対して自社のブランドをチラっとでも見せようと考えると莫大な広告費がかかります。

■広告費0円で集客できる強力なマーケティング方法

本Partでは、コンテンツマーケティングのためのオウンドメディア作成法を具体的に解説します。

素人がコンテンツマーケティングを始めて、すぐに成果が出せる例は稀です。成果を出せるようになるのには平均１年くらい（センスのいい人で半年くらい）かかるでしょう。しかし、わからないなりにも試行錯誤を繰り返すことが成功の近道です。

コンテンツマーケティングでは「何を書いたら良いのかわからない！」というのが最初のハードルになることが多いのですが、本Partでは記事のネタの探し方やタイトルの付け方、記事の書き方などしっかり解説していきます。

初めてオウンドメディアを立ち上げる場合、根気強く地味な仕事に嫌気がさすかもしれません。コンテンツマーケティングは成功するまでの道のりは険しいのですが、成功した暁には広告費を０円で集客できる強力なマーケティング方法です。ぜひ取り組んでみてください。

コンテンツマーケティングと相性が良い「記事型ランディングページ」とは

オウンドメディアではユーザーに有益な情報を与えますが、こういったメディアからコンバージョン獲得するにはどのような道筋があるでしょうか。

通常、「オウンドメディア内に問い合わせフォームなどを作る」「記事の下などに再度バナーなど設置しランディングページへ飛ばす」この２つのパターンが考えられます。

流れは次ページの図のようになりますが、このようにメディアのバナーなどからこれまで制作してきたランディングページへ飛ばすのも全然悪くありません。

ですが、ここではメディアと相性の良いランディングページの作成も考えてみましょう。「記事型ランディングページ」という、オウンドメディアと相性がいいランディングページです。

従来のコンテンツマーケティング

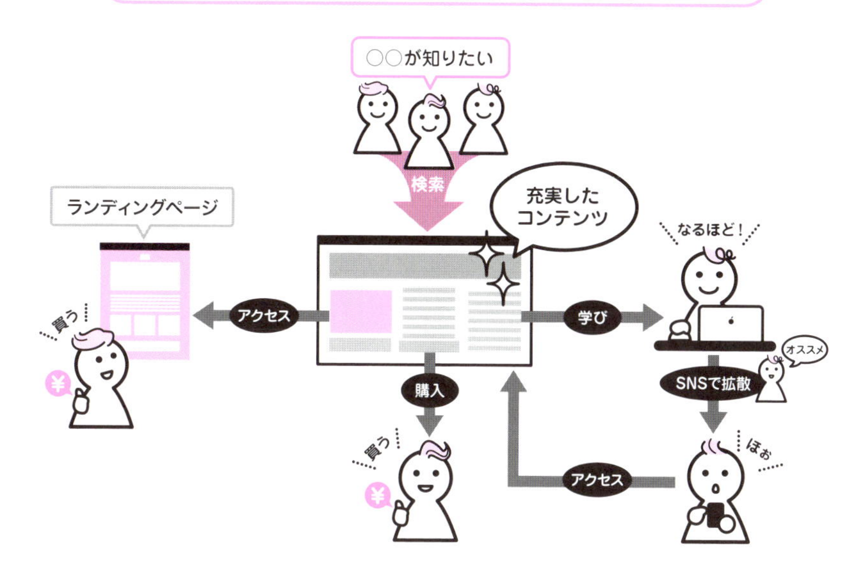

■「記事型ランディングページ」とは

記事を読んでいたユーザーに対して、インパクトが強かったり、ウリ感の強かったりするランディングページを表示させてしまうと、ユーザーが抵抗感を持つこともあります。そこでオウンドメディアには「記事型ランディングページ」を表示させる戦略です。

まずは記事型ランディングページの例を見てもらいましょう。次ページの画像は当社のSEO攻略動画を販売するための記事型ランディングページです。

このように、テキストコンテンツを中心にブログのような見せ方で制作したランディングページが「記事型ランディングページ」になります。

記事型はカモフラージュっぽく思われるかもしれません。たしかにその側面は否定しませんが、メディアに配信するには効果のあるランディングページで、これまでお伝えしてきたランディングページとは作り方などが少し違います。

「記事型ランディングページ」の例

freewebhope

Facebookでシェア　twitterでつぶやく　LINEで送る

あなたはもしかして、SEO上位表示を夢見て見よう見まねでワードプレスでサイトを立ち上げ、いくつかのブログから学びながら記事を書いてみたものの、全く上位表示もされないしPVも上がらなくて心が折れかけていませんか？笑
もしこんな状況で、「やっぱセンスないから無理か〜〜」と感じているのであれば、それは逆にチャンスかもしれないです。
なぜなら、上位表示を達成するコンテンツを生み出すのに、センスも何もいらないからです。
強いて言うなら、、、そうですね、中卒レベルの"語彙力"があれば十分でしょう。現に僕は中卒ですけどそこそこ上位表示が獲れる記事を書けていますし、そのサイトから月に安定して売上にもつなげられています。
僕のプロフィールが気になった方はこちらをご確認ください。

ユーザーのためになるコンテンツっていうけどさ…

では一体全体どうやって上位表示を達成するコンテンツを生み出せばいいのでしょうか？ユーザーファースト？
それはもちろんですけど、そんな曖昧な言葉じゃなくて具体的に知りたいですよね？そういえば、ユーザーにとって良質なコンテンツってよく言いますけど、じゃあ一体何がユーザーにとって良質なコンテンツなんでしょうか。曖昧な表現が横行していますよねw

まず、そもそも上位表示が達成できない人を見ていると、ほとんどの人が「サイトの全体設計」をやっていないんですね。いきなり記事書き始めるんですよ。ちょっとワードプレス入れて、メジャーなプラグイン入れたらもう記事書きはじめちゃう。
これじゃあ流石に上位表示は厳しいです。

ユーザーニーズを満たせる記事をかけるかどうかは、最初の9つの設計にかかっている

最初にサイトのテーマ設計をします。というかここをちゃんとやっておかないと、かなり厳しいです。

STEP1. サイト全体をプランニング

STEP3. 具体的な記事の内容をプランニング

最後にライティングです。

1. リードライティング
2. 見出し作成
3. 記事ライティング
4. ブラッシュアップ〜リライト

つまり、なんの設計もないままライティングから始めた場合は11のステップを無視して書き始めていることになります。

例えばSEO業者でも、設計をするディレクターと記事を書くライターははっきりと別れています。それくらい設計というのは専門性が高く、重要な仕事なんです。

あくまで、ニーズを捉えて世間が欲しているコンテンツを書きましょう、、と。

ただ、この設計っていうのが、あまりWEB上に転がっていないんです。だいたい見かけるものと言えば、プラグインの設定方法とかURLの正規化なんかの"作業"の部分と、ユーザーのためになるコンテンツを書きなさいという精神論ですよね。
いや、ユーザーのためになるコンテンツを書くっていうのは圧倒的に正しいですよ。正しいですけど、じゃあどんな記事だとユーザーのためになるのかって、そこがいまいち良くわからない、もしくは分かっていないから上位表示が出来ていないんです。

まずこれは自分の頭のなかで考えるよりも、ヒントやきっかけがあった方がラクです。

Search
Click

例えば「キーワードツール」を使えばどういったキーワードがGoogleで月間何回検索されているのかがわかりますし、共起語ツールを使えば関連しているキーワードもわかる。この辺から需要を類推する考え方を学べば、全く当てずっぽうで記事を書くよりも世間のニーズにマッチした、、というか求められている事が何か、が分かるワケです。それが分かればあとは書くだけです。

上位表示が出来ていない理由は結構シンプル

おおよそ上位表示できていない記事とか、できないものって理由はシンプルで

1. ユーザーニーズが捉えられていないので、ニーズがない記事
2. ニーズが分からないから内容が薄くなっている
3. 内容で競合に負けてる

こんなところです。

ただまぁ僕もそうなんですけど、こういうやり方とか方法論って自分で見つけ出すのには凄く時間がかかりますよね。
まぁ万が一たまたま上位表示されたとしても、それを他の人が再現出来るわけじゃないし、そうするとずっと自分が書き続けなきゃいけないわけですよ。

なので、これはシンプルに、出来る人に聞いたほうが早いです。
もう直接教わったほうが、早い。効果検証とか要らないので、時短にもなります。

テキストコンテンツを中心にブログのような見せ方で制作しているランディングページ

記事型ランディングページの作り方と配信先

記事型ランディングページはオウンドメディア以外にも配信します。代表的な配信先は以下の４つになります。

- オウンドメディア
- Facebook広告
- Twitter広告
- 関連コンテンツユニット

「関連コンテンツユニット」とは、下図のような「ブログなどの関連記事の中に表示される広告」です。見たことがある人も多いでしょう。

関連コンテンツユニット表示例

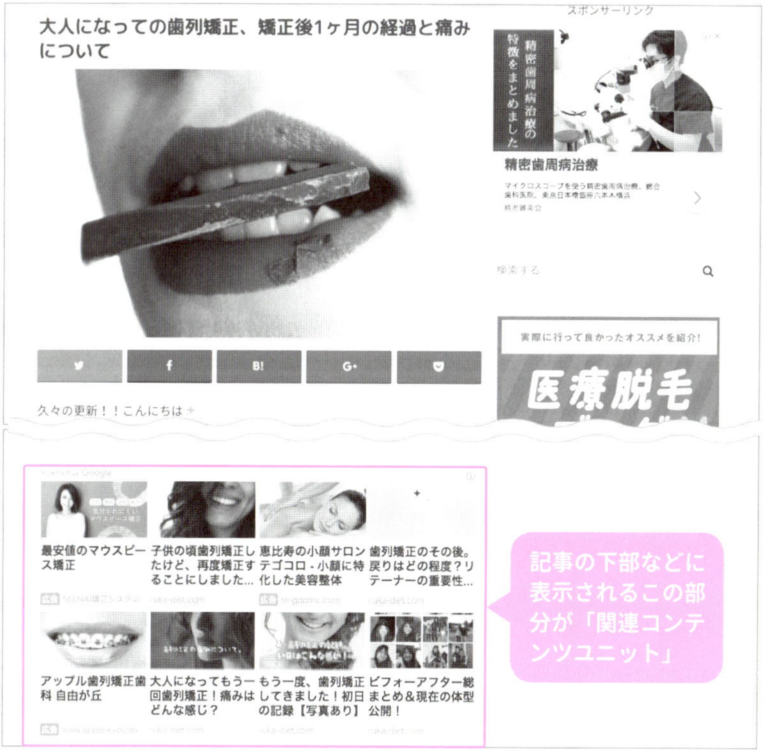

記事の下部などに表示されるこの部分が「関連コンテンツユニット」

出典：ルカルカダイエット　https://ruka-diet.com/

記事型ランディングページは情報取得モチベーションの高いユーザーに訴求するのが成功のポイントです。情報取得モチベーションの高いユーザーに訴求するので、前述の４つのような配信先になるわけですね。

では、記事型ランディングページの内容はと言うと「ブログ記事を書くかのようにライティングをすることが特徴です。つまり、これから本Partで解説するような記事作成の技術が必要になります。

記事型ランディングページの中では、ノウハウやお役立ち情報などを惜しみなく出しましょう。

情報取得モチベーションが高いユーザーへ訴求するので、まずユーザーの期待を裏切らないためにも、商品の売り込みを最初にやってはいけません。

あくまでお役立ち情報やノウハウを書き、この記事型ランディングページの中でもきちんと学んだり、気付きがあったりするように書きましょう。そして最後に、商品の販売に繋げるのです。

記事型ランディングページの配信先

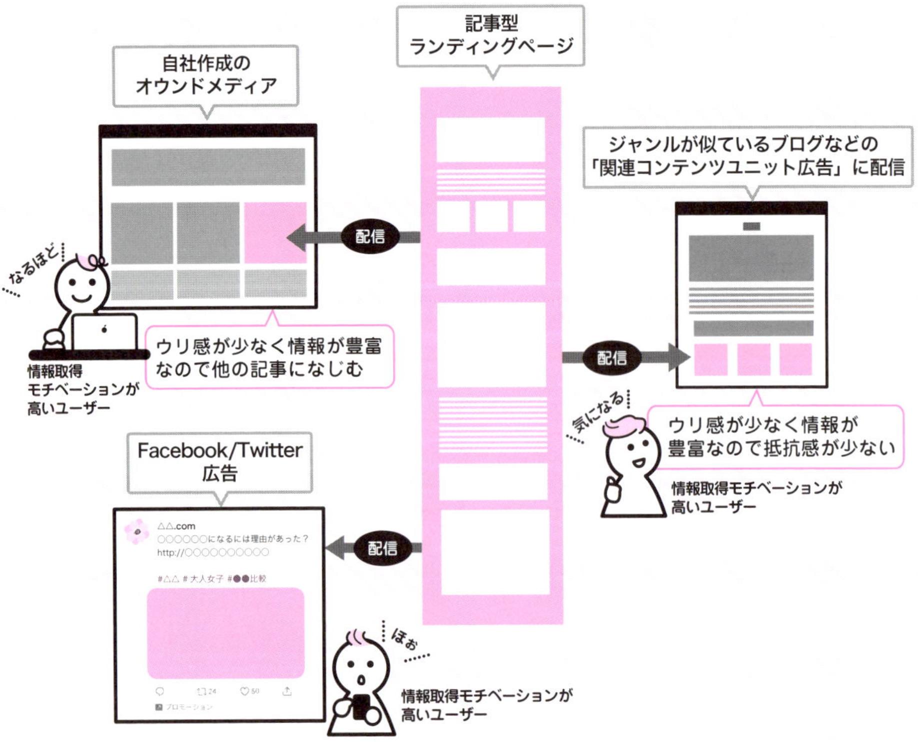

記事型
ランディングページ

自社作成の
オウンドメディア

配信

なるほど

ウリ感が少なく情報が豊富なので他の記事になじむ

情報取得
モチベーションが
高いユーザー

ジャンルが似ているブログなどの
「関連コンテンツユニット広告」に配信

配信

気になる

ウリ感が少なく情報が
豊富なので抵抗感が少ない

情報取得モチベーションが
高いユーザー

Facebook/Twitter
広告

△△.com
○○○○○○になるには理由があった？
http://○○○○○○○○○○
#△△ #大人女子 #●●比較

配信

ほお

情報取得モチベーションが
高いユーザー

Section 05-02 おすすめサーバとテンプレート

おすすめサーバ

オウンドメディア作成にはワードプレスを使用しましょう。

サーバはワードプレスが快適に動作するサーバを選びたいです。サーバ選びの答えを言うと以下の3つです。これ以外にオススメはありません。

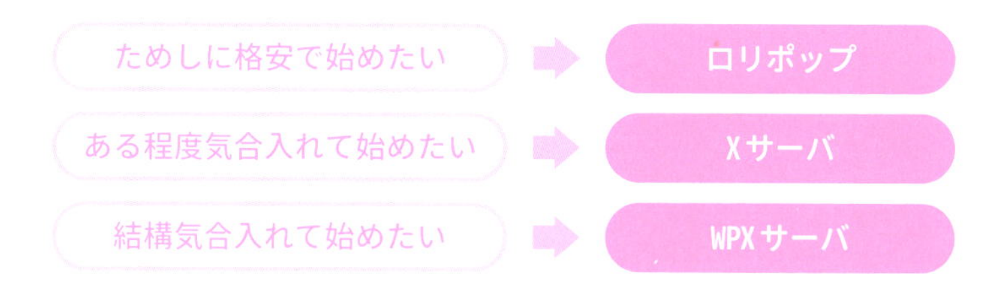

ワードプレステンプレート

ワードプレスのテンプレートでおすすめは「LION MEDIA」「賢威」「stinger」「セオリー」です。

新しいテーマはどんどん出てきているので、一度検索して探してみることをオススメします。軸としては「SEOに強いテーマ」を選ぶべきです。

SEOに強いテーマ例

Stinger→SEO対策に超特化
セオリー→コンテンツ・マーケティングに超特化

「stinger」はSEO対策の更新頻度が非常に高い国産のテーマです。なのでSEO対策に特化した内部構造になっています。

Section 05-03

上位表示の仕組み

人間に評価されるコンテンツを作ろう

コンテンツマーケティングで検索エンジンから集客するためには検索結果に上位表示されることが大事ですが、そのためには何をしなければならないでしょうか。

上位表示のためには様々なテクニックがありますが、コンテンツマーケティングにおいて一番大事な部分は「コンテンツ」ということを忘れないようにしてください。

被リンクがどうとか、内部構造、カテゴリー構造がどうとか考えるよりまず、質の高いコンテンツを提供することに頭を使って専念したほうがいいでしょう。

結局、コンテンツを見るのは人間で、シェアするのも人間です。そしてその人間の評価を汲みとってランク付けするのがGoogleのロボットなのです。

ですから「コンテンツ９割、内部１割」と考えましょう。

上位表示の条件とは

次節から上位表示を取るためにどんな記事をどうやって書くのかを説明していきますが、そもそも、コンテンツが上位表示されるにはどのような条件があるのでしょうか。

被リンクを多く貰う、パンくずを付ける、数多くシェアされる――いろいろありますよね。

Googleのロボットは日々何億ものサイトをクローリングして「Webサイトのチェック」をしています。

Webサイトがどんなテーマを取り扱っているのか、どんな人が書いているのか、周りからどのような評価を得ているのか、詐欺をやっていないかなど、あらゆる観点からサイトにランキングをつけています。

　このランキングで一番重要視されている指標はなんでしょうか。現時点では「ナチュラルリンク」が最強です。つまり、自然な状態のリンクがたくさん貼られているサイトを上位表示するようになっています。

　他にも、スマートフォンへの対応やサイトでの滞在時間、検索キーワードとの関連性、コンテンツの量、このあたりが上位表示の基本です。

　ちなみに、Facebookでのシェアや Twitterでのtweetはランキングに影響が無いとGoogleは明言していますが、SEO界隈では影響しているとの考えが定説です。

■充実したコンテンツを作るという王道しかない

　Googleは自然な被リンクを評価します。そして自然な被リンクを得ようとすると、

- **みんながみんなに教えたくなるようなコンテンツ**
- **引用したくなるような独自のコンテンツ**

　を作って発信していくしかありません。

　つまり、**コンテンツマーケティングに裏道は無く、真面目にコツコツと取り組む以外に方法が無い**ということです。

　ここで絶望してしまう場合は、コンテンツマーケティングでの集客方法に向いていません。絶対に続かないので膨大な時間を無駄にすることになるかもしれません。

　自信を無くしてしまった方もいるかもしれませんが、もしコンテンツの作り方にルールがあれば……どうでしょうか。あなたにもできるはずです。やり方を1つ1つ見ていきましょう。

「検索需要」がある記事を書くこと

コンテンツマーケティングをはじめようとする人から一番多くもらう質問は「記事を書くって言われても、何からどうやって書けば良いのか…」です。何を書くべきかすら思いつかないということです。

逆にこの悩みを持っていない人、つまり書きたいことがある人からは「わかりました！　じゃあ○○についてまずは書いてみます！」と言います。

でも、どちらもちょっと待ってください。

コンテンツマーケティングには「記事を書くコツ」というのがあるので、それを学んでから記事の作成に入って欲しいと思います。

まず、たった一つのルールを守ってください。それは

人々に求められているコンテンツを提供する

これに尽きます。

ランディングページの時と同じですね。**自分の言いたいことは言わず、相手のニーズを満たすことに徹底**します。

まず、コンテンツを発信する側の心構えは「ユーザーの問題を解決する」ことです。「検索する」という行為は何かに問題や悩み、疑問を抱えている証です。

「悩みや問題」というと、大げさに感じますか？　では日常にあるような、些細なケースを取り上げてみましょう。

AさんはWebサイトでとある小説を読んでいたところ、「愧赧」という見たことも聞いたこともない漢字に出会いました。意味が分からず読み飛ばそうとしましたが、一応調べておこうと思って「愧赧」という漢字をコピーしてGoogleに貼り付けて検索してみました。すると……

Google 愧赧
すべて　ニュース　地図　画像　動画　もっと見る ▾　検索ツール
約 99,000 件 （0.51 秒）

きたん【愧赧】の意味 - 国語辞書 - goo辞書
dictionary.goo.ne.jp/jn/52690/meaning/m0u/
きたん【**愧赧**】とは。意味や解説、類語。恥じて顔を赤くすること。赤面（せきめん）。「―の念」 - goo国語辞書は27万語以上を収録。政治・経済・医学・ITなど、最新用語の追加も定期的に行っています。

愧赧とは - Weblio辞書
www.weblio.jp › ... › 名詞およびサ変動詞（動揺） ▾
愧赧とは?（名）スル 恥じて顔を赤くすること。赤面すること。「－の念」 >>『三省堂 大辞林』の表記・記号についての解説を見る.

愧赧(キタン)とは - コトバンク
https://kotobank.jp/word/**愧赧**-474523 ▾
デジタル大辞泉 - **愧赧**の用語解説 - 恥じて顔を赤くすること。赤面(せきめん)。「**愧赧**の念」

きたん［愧 赧］ 国語辞書 - エキサイト 辞書 - Excite
www.excite.co.jp/dictionary/japanese/?search=きた&match...DJR...
エキサイト辞書 国語【きたん［愧 赧］】の意味は？（名）スル 恥じて顔を赤くすること。赤面すること。「－の念」

ああなるほど、「きたん」と読むのか。「赤面する」という意味なのかとＡさんは知りました。

つまりこの辞書コンテンツは、Ａさんの「漢字が読めず小説の内容の理解が薄まる」という問題を解決したことになります。

このように、コンテンツは検索者に対して適切な答えを用意するものなので、そもそも「検索需要」が無いとコンテンツは見られません。

常にユーザーの問題や悩み、疑問を解決するためにコンテンツを発信することを心がけましょう。

Section 05-04 キーワードから検索需要を調べる

検索需要のリサーチをしよう

「ユーザーの悩みや問題、疑問なんてわからないよ…」と思いますか？　いえ、分かってしまうんです。

まずは記事を書く前にリサーチをしましょう。仮に「整体院」を経営している場合のコンテンツ発信を例にとってみます。

まず、Googleキーワードプランナーにアクセスして、検索ボリュームを調べましょう。ここでは「腰痛」のキーワードで調べました。

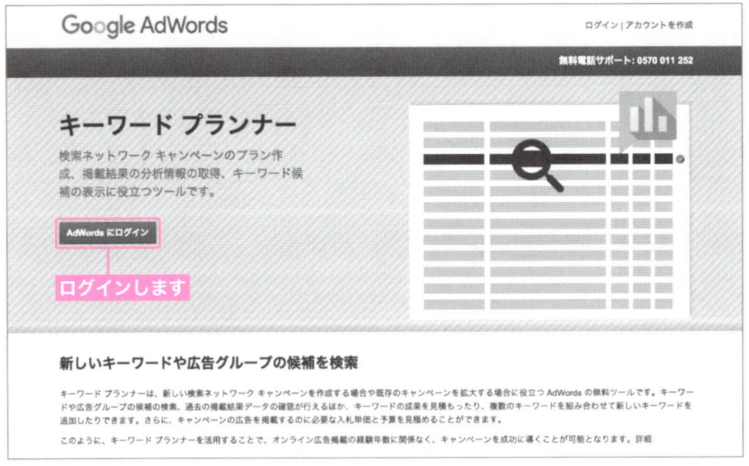

Googleキーワードプランナー
（https://adwords.google.co.jp/keywordplanner）

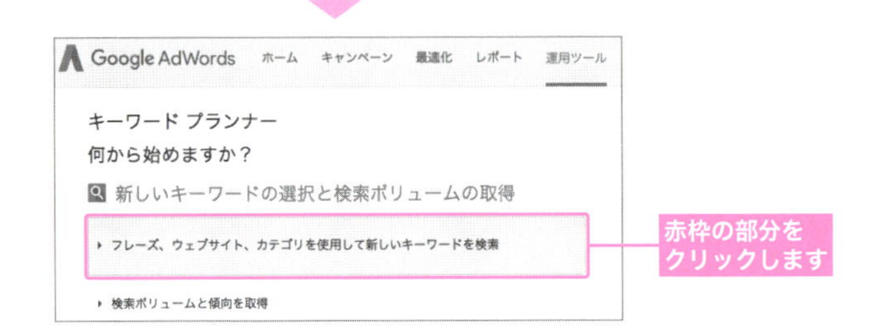

次はこのような画面になりますので、色枠の部分をクリックしてください。

すると「腰痛」に関連して検索されているキーワードなどが表示されます。

■各項目が示していること

広告グループ候補 | キーワード候補 | 表示項目 | ダウンロード | すべて追加（801）

検索語句	月間平均検索ボリューム	競合性	推奨入札単価	広告インプレッションシェア	プランに追加
腰痛	90,500	中	¥85	–	»

表示する行数: 30 1個のキーワード中1～1個を表示

❶キーワード（関連性の高い順）	❷月間平均検索ボリューム	❸競合性	❹推奨入札単価	❺広告インプレッションシェア	❻プランに追加
腰痛 原因	18,100	低	¥115	–	»
肩こり	74,000	中	¥70	–	»
椎間板ヘルニア	40,500	中	¥99	–	»
ぎっくり腰	74,000	低	¥104	–	»
ヘルニア	40,500	中	¥113	–	»
腰の痛み	14,800	低	¥108	–	»

❶キーワード（関連性の高い順）

これは「腰痛」に関連するキーワードを関連性の高い順に並べたデータです。いかにも腰痛と関わりのありそうなキーワードが並んでいますね。ここで得られるのは「人々がどんなキーワードで検索しているのか？」ということです。

❷月間平均検索ボリューム

これは12ヶ月間での平均検索数です。例えば「桜」というキーワードは4月に検索数が上がりますが、ここの数値は12ヶ月間での平均検索ボリュームなので季節性のあるキーワードは注意してください。

❸競合性

これはGoogle Adwordsでの競合性です。SEOでの競合性ではありません。

❹推奨入札単価

これもGoogle Adwordsでの推奨入札単価です。1クリックにこれだけ入札しておけば広告が表示されるよ、という指標です。

❺広告インプレッションシェア

Google Adwordsで入札している場合に表示されます。

❻プランに追加

Google Adwordsの広告計画を立てるときに使う機能です。

❷の部分は「月間で平均して何回検索されているか」ということなので、数値が大きければ大きいほど「需要がある」キーワードです。
「ヘルニア」というキーワードは40,500回検索されていますね。クリック率の高いキーワードで検索1位を取ると、10%～30%クリックされます。
たとえばクリック率が15%だとすると、このキーワードで1位を取ったなら6,075回の流入が期待できます。一人あたり平均2ページ見るサイトなら、12,150PVですね。

ただし、検索数の大きいキーワードはそれだけ競合も多いです。「ヘルニア」というキーワードの上位TOP10を見ると強いサイトが非常に多いのがわかります。

同様に、❸の「競合性が高いキーワード」はPPC広告の競合性なので「高」のキーワードは購買に繋がりやすいキーワードです。
ですので、競合性が「高」のキーワードも検索結果1ページ目は強いサイトが多い傾向にあります。

❹の「入札単価」も同じく、単価の高いキーワード→購買に繋がる→みんなが入札して高くなっているという状態なので「購買に繋がるキーワード」です。
入札単価の高いキーワードもまた、上位TOP10のサイトはなかなか強いサイトが揃っている傾向にあります。

では、この中からどんなキーワードを狙えばいいのでしょうか？
まずコンテンツを作る前に、キーワードシートを作成します。

Section 05-05

キーワードシートの作り方

キーワードツールのデータをダウンロードする

先ほどのキーワードツールで調べた結果は、ダウンロードできます。これをエクセルで保存しましょう。このようなデータを取得できます。

	A	B	C	D	E	F	G
1	Ad group	Keyword	Avg. Monthly	Competition	Suggested bid	Impr. share	Organic im
2	Keyword Ideas	頭痛	135000	0.15	48		
3	Keyword Ideas	坐骨神経痛	90500	0.74	65		
4	Seed Keywords	腰痛	90500	0.57	85		
5	Keyword Ideas	肩こり	74000	0.41	70		
6	Keyword Ideas	ぎっくり腰	74000	0.21	104		
7	Keyword Ideas	ヘルニア	40500	0.54	113		
8	Keyword Ideas	整体	40500	0.54	133		
9	Keyword Ideas	椎間板ヘルニア	40500	0.53	99		
10	Keyword Ideas	カイロプラクテ	33100	0.56	188		
11	Keyword Ideas	肩こり 解消	33100	0.25	115		
12	Keyword Ideas	腰が痛い	33100	0.21	78		
13	Keyword Ideas	腰痛 ストレッチ	33100	0.16	124		
14	Keyword Ideas	五十肩	27100	0.69	43		
15	Keyword Ideas	神経痛	22200	0.57	52		
16	Keyword Ideas	腰痛体操	22200	0.33	72		
17	Keyword Ideas	首の痛み	18100	0.42	73		
18	Keyword Ideas	四十肩	18100	0.4	39		
19	Keyword Ideas	腰痛 原因	18100	0.17	115		

大事なのは、以下の４つの指標です。これ以外は使わないので、あとの列は削除しましょう。

Keyword	キーワード
Avg.Monthly	月間平均検索数
Competition	競合度
Suggested bid	推奨入札単価

注目して欲しい部分は「競合度」が数値化されている点です。先ほど（172ページの❸の「競合性が高いキーワード」）は「高」「中」「低」だったのに対して、データ化されると数値になります。

データを編集する

取得したデータから、前ページの４つの指標（Keyword、Avg.Monthly、Competition、Suggested bid）以外の項目を削除し、月間平均検索ボリュームの高い順に並べ替えます。

	A	B	C	D
1	Keyword	Avg. Monthly	Competition	Suggested bid
2	頭痛	135000	0.15	48
3	腰痛	90500	0.57	85
4	坐骨神経痛	90500	0.74	65
5	ぎっくり腰	74000	0.21	104
6	肩こり	74000	0.41	70
7	ヘルニア	40500	0.54	113
8	整体	40500	0.54	133
9	椎間板ヘルニア	40500	0.53	99
10	カイロプラクティック	33100	0.56	188
11	肩こり 解消	33100	0.25	115
12	腰が痛い	33100	0.21	78
13	腰痛 ストレッチ	33100	0.16	124
14	五十肩	27100	0.69	43
15	腰痛体操	22200	0.33	72
16	神経痛	22200	0.57	52
17	肩こり ストレッチ	18100	0.09	147
18	腰痛 原因	18100	0.17	115
19	四十肩	18100	0.4	39
20	首の痛み	18100	0.42	73
21	捻挫	18100	0.07	25
22	関節痛	14800	0.39	211
23	肩こり 頭痛	14800	0.26	117
24	肩の痛み	14800	0.53	79

■手順１　キーワードを分類する

次に、この取得したキーワードの中の不要なキーワードを削除し、残ったキーワードをグループごとに分けていきます。

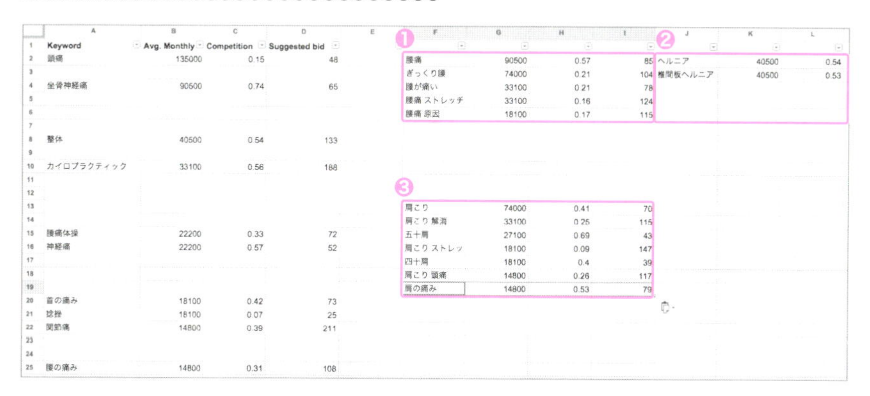

	A	B	C	D
1	Keyword	Avg. Monthly	Competition	Suggested bid
2	頭痛	135000	0.15	48
3				
4	坐骨神経痛	90500	0.74	65
5				
6				
7				
8	整体	40500	0.54	133
9				
10	カイロプラクティック	33100	0.56	188
11				
12				
13				
14				
15	腰痛体操	22200	0.33	72
16	神経痛	22200	0.57	52
17				
18				
19				
20	首の痛み	18100	0.42	73
21	捻挫	18100	0.07	25
22	関節痛	14800	0.39	211
23				
24				
25	腰の痛み	14800	0.31	108

❶

F	G	H	I
腰痛	90500	0.57	85
ぎっくり腰	74000	0.21	104
腰が痛い	33100	0.21	78
腰痛 ストレッチ	33100	0.16	124
腰痛 原因	18100	0.17	115

❷

J	K	L
ヘルニア	40500	0.54
椎間板ヘルニア	40500	0.53

❸

肩こり	74000	0.41	70
肩こり 解消	33100	0.25	115
五十肩	27100	0.69	43
肩こり ストレッ	18100	0.09	147
四十肩	18100	0.4	39
肩こり 頭痛	14800	0.26	117
肩の痛み	14800	0.53	79

このように、左から右へ、キーワードを移していきます。この際に、検索数の大きいキーワードごとにグループを作ってください。この例では、

❶腰痛グループ　❷ヘルニアグループ　❸肩こりグループ

となります。これを続けていくと…

	A	B	C	D	E	F	G	H	I	J	K	L	M
1	Keyword	Avg. Monthly	Competition	Suggested bid									
2	頭痛	135000	0.15	48		腰痛	90500	0.57	85	ヘルニア	40500	0.54	113
3	坐骨神経痛	90500	0.74	65		ぎっくり腰	74000	0.21	104	椎間板ヘルニア	40500	0.53	99
4	整体	40500	0.54	133		腰が痛い	33100	0.21	78	頚椎ヘルニア	12100	0.56	65
5	カイロプラクティック	33100	0.56	188		腰痛 ストレッチ	33100	0.16	124	ヘルニア 症状	9900	0.48	139
6	神経痛	22200	0.57	52		腰痛 原因	18100	0.17	115	ヘルニア 原因	8100	0.69	113
7	首の痛み	18100	0.42	73		腰痛体操	22200	0.33	72	ヘルニア 手術	8100	0.9	166
8	捻挫	18100	0.07	25		腰の痛み	14800	0.31	108	腰椎椎間板ヘル	8100	0.39	136
9	関節痛	14800	0.39	211		腰痛 ツボ	12100	0.38	75	ヘルニアとは	6600	0.36	162
10	鍼灸	12100	0.27	159		腰痛 治し方	12100	0.28	88	頚椎椎間板ヘル	6600	0.59	74
11	腰椎	6600	0.11	169		腰痛 病院	12100	0.8	139	ヘルニア 治療	5400	0.86	126
12	首 ヘルニア	6600	0.43	47		腰痛い	12100	0.29	75				
13	関節炎	5400	0.33	79		ぎっくり腰 治療	9900	0.52	109				
14						腰 ストレッチ	8100	0.03	96				
15						腰痛 改善	8100	0.48	63				
16						妊婦 腰痛	6600	0.1	197				
17						ぎっくり腰 原因	5400	0.15	126				
18						腰痛 マットレス	5400	1	58				
19						腰痛の原因	5400	0.52	103				
20						腰痛ベルト	5400	1	48				
21													
22													
23						肩こり	74000	0.41	70				
24						肩こり 解消	33100	0.25	115				
25						五十肩	27100	0.69	43				
26						肩こり ストレッ	18100	0.09	147				
27						四十肩	18100	0.4	39				
28						肩こり 頭痛	14800	0.26	117				
29						肩の痛み	14800	0.53	79				

❶腰痛グループ　❷ヘルニアグループ　❸肩こりグループに様々なキーワードが溜まっていくと同時に、左側に分類できないキーワードが溜まっていきます。これらを、最初に「腰痛」を調べた時と同じようにしてもう一度検索し、キーワードをグループごとにまとめていきます。

グループができ上がってきたら、以下のようにグループごとにシートを分けていってください。

キーワードシート
ファイル　編集　表示　挿入　表示形式　データ　ツール　アドオン　ヘルプ　変更内容をすべてドライブに保存しました

	A	B	C	D	E	F	G	H
1	腰痛	90500	0.57	85				
2	ぎっくり腰	74000	0.21	104				
3	腰が痛い	33100	0.21	78				
4	腰痛 ストレッチ	33100	0.16	124				
5	腰痛 原因	18100	0.17	115				
6	腰痛体操	22200	0.33	72				
7	腰の痛み	14800	0.31	108				
8	腰痛 ツボ	12100	0.38	75				
9	腰痛 治し方	12100	0.28	88				
10	腰痛 病院	12100	0.8	139				
11	腰痛い	12100	0.29	75				
12	ぎっくり腰 治療	9900	0.52	109				
13	腰 ストレッチ	8100	0.03	96				
14	腰痛 改善	8100	0.48	63				
15	妊婦 腰痛	6600	0.1	197				
16	ぎっくり腰 原因	5400	0.15	126				
17	腰痛 マットレス	5400	1	58				
18	腰痛の原因	5400	0.52	103				
19	腰痛ベルト	5400	1	48				

キーワードマスター　腰痛　肩こり　ヘルニア

このグループがブログやメディアのカテゴリーになるので、あまり細かくグループを区切り過ぎないようにするのがポイントです。

■手順2　競合の指標を編集する

次に、競合度の指標を見やすく書き換えます。

このキーワードの場合は「1」が最高の数値だったので難易度0.5～1を「高」に設定し、0.2～0.49を「中」に、0.19以下を「低」に設定しました。

どの数値を競合性「高」にするかは、相対評価をしてください。一番のBIGワードの数値によるので、「1だと競合性が高い」というように明言ができないからです。ちなみにこれは、見やすくしているだけなので、やらなくても大丈夫です。

終わったら難易度でソートして完成です。

	A	B	C	D	E
1	キーワード	検索数	競合度	単価	競合度
2	腰痛 ストレッチ	33100	0.16	124	低
3	腰痛 原因	18100	0.17	115	低
4	腰 ストレッチ	8100	0.03	96	低
5	妊婦 腰痛	6600	0.1	197	低
6	ぎっくり腰 原因	5400	0.15	126	低
7	ぎっくり腰	74000	0.21	104	中
8	腰が痛い	33100	0.21	78	中
9	腰痛体操	22200	0.33	72	中
10	腰の痛み	14800	0.31	108	中
11	腰痛 治し方	12100	0.28	88	中
12	腰痛い	12100	0.29	75	中
13	腰痛 ツボ	12100	0.38	75	中
14	腰痛 改善	8100	0.48	63	中
15	腰痛	90500	0.57	85	高
16	腰痛 病院	12100	0.8	139	高
17	ぎっくり腰 治療	9900	0.52	109	高
18	腰痛の原因	5400	0.52	103	高
19	腰痛 マットレス	5400	1	58	高
20	腰痛ベルト	5400	1	48	高

■手順3　キーワードに優先順位を付ける

次に記事を書く優先順位を色でわけていきます。

優先順位の付け方は次ページの順になります。

①検索数が多くて
②競合度が低くて
③単価の高いワードで
④ロングテールor口語体のもの

上記を基準に優先順位をつけて色分けしたデータは以下のようになります。

	A	B	C	D	E
1	キーワード	検索数	競合度	単価	競合度
2	腰痛 ストレッチ	33100	0.16	124	低
3	腰痛 原因	18100	0.17	115	低
4	腰 ストレッチ	8100	0.03	96	低
5	妊婦 腰痛	6600	0.1	197	低
6	ぎっくり腰 原因	5400	0.15	126	低
7	ぎっくり腰	74000	0.21	104	中
8	腰が痛い	33100	0.21	78	中
9	腰痛体操	22200	0.33	72	中
10	腰の痛み	14800	0.31	108	中
11	腰痛 治し方	12100	0.28	88	中
12	腰痛い	12100	0.29	75	中
13	腰痛 ツボ	12100	0.38	75	中
14	腰痛 改善	8100	0.48	63	中
15	腰痛	90500	0.57	85	高
16	腰痛 病院	12100	0.8	139	高
17	ぎっくり腰 治療	9900	0.52	109	高
18	腰痛の原因	5400	0.52	103	高
19	腰痛 マットレス	5400	1	58	高
20	腰痛ベルト	5400	1	48	高

優先度高　　優先度中　　優先度低

優先順位の基準の「①検索数が多くて」と「②競合度が低くて」はすぐに納得できると思います。

③の単価の高いワードについては、単価が高い＝人気＝売れるという理由があります。

④のロングテールor口語体は「腰痛　治し方」などの２ワード以上のキーワードはニーズが明確で書きやすく口語体のキーワード「腰が痛い」なども対策が立てやすい傾向にあるからです。

逆に言うと「腰痛」などの単一ワードは検索数も多く競合度も高く単価も高い激戦区のワードなので、優先順位は最後にしましょう。

これは単純に難しいから最後にするのではなく、内部リンクを貼りやすくするためでもあります。例えば、こんな記事を見たことがありますよね？

色枠の部分は、ブログ内の他の記事へのリンクです。「○○についての詳細はこちらの記事をご覧ください」のようにブログ内の他の記事へリンクしているもので、これを内部リンクと呼びます。

大きいテーマから書くよりも、小さいテーマから書いていくことで、最後に大きいテーマを書いたときに補足として記事が使えます。そのため「腰痛」などの単一キーワードは優先順位が低いのです。

あとは激戦区以外のキーワードの方が記事が書きやすく、しかも上位に上がりやすいので優先順位が高くなるという理由もあります。

以上でキーワードシートが完成しました。次はタイトルを付けていきます。

Section 05-06

キーワードシートを使った記事タイトルの決め方

仮タイトルを決めていく

キーワードシートの優先順位の列の隣に「仮タイトル」を入れていきます。

キーワードシート
ファイル　編集　表示　挿入　表示形式　データ　ツール　アドオン　ヘルプ　変更内容をすべてドライブに保存しました

	A	B	C	D	E	F	G	H	I
1	キーワード	検索数	競合度	単価	競合度				
2	腰痛 ストレッチ	33100	0.16	124	低				
3	腰痛 原因	18100	0.17	115	低	腰痛になる原因TOP30ランク			
4	腰 ストレッチ	8100	0.03	96	低				
5	妊婦 腰痛	6600	0.1	197	低	５分で解消！妊婦さんが無理せず毎日出来るストレッチ法			
6	ぎっくり腰 原因	5400	0.15	126	低	ぎっくり腰の原因とは？再発させない為に根本的な５つの原因を知ろう			
7	ぎっくり腰	74000	0.21	104	中				
8	腰が痛い	33100	0.21	78	中	今腰が痛い人がやるべき3分間ストレッチ			
9	腰痛体操	22200	0.33	72	中	動画で見る腰痛体操で腰痛を解消しよう！			
10	腰の痛み	14800	0.31	108	中				
11	腰痛 治し方	12100	0.28	88	中				
12	腰痛い	12100	0.29	75	中				
13	腰痛 ツボ	12100	0.38	75	中				
14	腰痛 改善	8100	0.48	63	中				
15	腰痛	90500	0.57	85	高				
16	腰痛 病院	12100	0.8	139	高				
17	ぎっくり腰 治療	9900	0.52	109	高				
18	腰痛の原因	5400	0.52	103	高				
19	腰痛 マットレス	5400	1	58	高				
20	腰痛ベルト	5400	1	48	高				
21									

タイトルの付け方とコンテンツの書き方は連動するため、まず仮のタイトルを入れることで記事の内容をイメージし、概要を把握できるようになります。

タイトルの作り方

では「ぎっくり腰　原因」を例にとってタイトルを決めてみましょう。

■ タイトル作り手順① キーワードを検索している人の悩みを考える

繰り返しになりますが、コンテンツとは問題解決です。「ぎっくり腰　原因」と検索する人はどんな問題を抱えているのでしょうか？　恐らくこんな人でしょう。

パターン1

ごく最近にぎっくり腰になってしまって、既に治っているがどんな原因があるのか知りたくて検索してみた

パターン2

ぎっくり腰になると完全に動けなくなるので、ぎっくり腰になっている最中に検索しているとは考えづらい。

では「ぎっくり腰に無ったことのない人」の検索需要はどうでしょうか。
例えば…

「ぎっくり腰に無ったことのない人」は

友人や家族など身の回りの人がぎっくり腰になって、とてもつらい経験をした体験談を聞いて、予防の為に何が原因でぎっくり腰になるのか検索してみた

他にも、

- テレビで見て不安になって
- 万年腰痛持ちだから不安で
- 病院で話を聞いて

……など、一口に「ぎっくり腰　原因」という検索キーワードにもいろいろな検索需要があります。

このように様々な検索需要を考えると、どれに絞っていいのか悩んでしまうこともあると思いますが、こういった場合には2つの対処法があります。

対処①どちらのパターンでも書いてしまう

「悩んでしまったら両方書いてしまえ」ということです。どちらの記事が優秀か、その答えはPV数や滞在時間、シェアの数が教えてくれます。

対処②仮説を立てて、多いだろうと思える方を選ぶ

「この検索の場合はほとんど、ぎっくり腰になったあとに検索しているんだろう」と仮説を立て、そこに絞ります。

■タイトル作り手順② ペルソナを作成する

次はペルソナの作成です。

前手順で考えた「ごく最近にぎっくり腰になってしまって、既に治っているがどんな原因があるのか知りたくて検索してみた」という悩みを持ったペルソナを作成してみましょう。

林田 誠（42）

部屋の掃除中、重いタンスを移動させようとした途端に腰の激痛に見舞われて昨日の日曜は1日中動けなかった。
今日はなんとも無いが、若干腰に違和感を感じたままの出社だ。はじめてのぎっくり腰はとても痛くて2度と引き起こしたくないと考えている。
しかしぎっくり腰は一度なったら再発するとも聞くし…そう不安になって仕事終わりの電車の中で「ぎっくり腰　原因」と検索してみた。

ペルソナの作成方法はランディングページのときと同じです（48ページ参照）。検索ユーザーが何に悩んでいるのか、いつどこでどうやって検索をしているのかをこのペルソナのようにストーリーで考えましょう。

■タイトル作り手順③ ペルソナに響くタイトルを考える

タイトル付けの極意は「こういった人に対してなんと呼びかけたらクリックするか」を考えることです。

では上記のペルソナ林田さんに対しては、どういったタイトルが響くでしょう

か？　恐らくこの人は「なぜ」ぎっくり腰になったのかを知りたいのでしょう。ですから、まず

タイトル案

ぎっくり腰になる5つの原因

このようなタイトル案が思いつきます。

しかし、もう少し深く考えてみましょう。

彼は原因を知って、どうなりたいのでしょうか？　きっと二度と再発させたくないはずです。そして再発を恐れているはずです。ぎっくり腰の原因を知りたいと同時に、再発防止策やそもそもぎっくり腰が再発するのかどうかを知りたいのでしょう。

では、そんな人に対してこんなタイトルはどうでしょうか？

タイトル案

ぎっくり腰になる原因と今後の対策方法

なかなかニーズに近づいてきましたね。

しかしこれではまだ読者の興味を惹くことができません。なぜなら、このタイトルは「具体的」ではないからです。基本的に人は無駄なクリックを嫌います。タイトルをクリックして望む情報が無かった場合、怒りすら覚える程です。

逆を言うと、人はクリックする対象を素早く慎重に選んでいます。

素早く慎重に、流し見をしながら自分の望む情報があるかどうかを「審査」しているのです。

ですから、タイトルに具体性が無いと、どんなに素晴らしい記事を書いてもクリックされず、読まれません。それでは、具体性をつけるとこうなります。

タイトル案

ぎっくり腰になる5つの原因と今後への6つの対策方法

中々良くなってきましたが、先程のペルソナに対してはまだ訴求力が足りません。

ここで、最強のタイトルの法則をお伝えします。それは「Yahoo! 知恵袋」です。正確にはYahoo! 知恵袋などの質問サイトです。

あなたも、何か検索したときに質問サイトのタイトルを見つけて「これ、自分と全く同じだ」「自分と全く同じ質問をしている人が世の中にいるもんだなぁ」と感じた事はありませんか？

そうすると、間違いなくクリックをせざるを得なくなります。自分にドンピシャな質問なので、ドンピシャな回答があることを期待しますよね。

このようにタイトルは、「そのユーザーにドンピシャ」にしなければなりません。

ペルソナを思い出して、もう少し先程のタイトルにユーザーの経験や体験を入れてみましょう。

タイトル案

激痛にさよなら！ぎっくり腰になる5つの原因と6つの対策方法

ユーザーの辛い体験に同調するようにタイトルに「激痛」と入れました。

他にも

- **ぎっくり腰になる5つの原因を知って2度と再発させない方法**
- **ぎっくり腰の原因は腰の筋肉にアリ、今すぐできる5つの再発防止策**
- **【5分でわかる】ぎっくり腰の原因を知って再発を防止する方法**
- **ぎっくり腰の原因となりやすい人の10の特徴**
- **ぎっくり腰の原因とは？気をつけるべき日常の3つの注意点**

このように、タイトル案はいくつも出せます。タイトル案を複数出したら、これを目的ごとに分解してみましょう。

具体的には「読者は記事を読むと何が手に入るのか」を考えます。

タイトル案に「この記事を読むと…」と付けて加えて、比べてみましょう。

激痛にさよなら！ぎっくり腰になる5つの原因と6つの対策方法
（この記事を読むと…）具体的な対策方法がわかる

ぎっくり腰になる５つの原因を知って2度と再発させない方法
（この記事を読むと…）2度と再発させない方法がわかる

ぎっくり腰の原因は腰の筋肉にアリ、今すぐできる5つの再発防止策
（この記事を読むと…）5つの再発防止策がわかる

【5分でわかる】ぎっくり腰の原因を知って再発を防止する方法
（この記事を読むと…）再発を防止する方法が今すぐ手に入る

ぎっくり腰の原因となりやすい人の10の特徴
（この記事を読むと…）特徴を知ることができる

ぎっくり腰の原因とは？腰を傷めないための３つの注意点
（この記事を読むと…）傷めない為に日々注意すべきことがわかる

ユーザーはタイトルを見て、このように感じるわけです。

ここで検索キーワードとペルソナをもう一度思い出してみると、キーワードは「ぎっくり腰　原因」で、検索している人は「最近ぎっくり腰になった人」でしたね。

上記のタイトルの中で一番求めているものは「原因の追求」と「再発の防止」です。どれもそれに則ったものになってはいますが、一番興味の引きそうなタイトルは「激痛にさよなら！ぎっくり腰になる５つの原因と６つの対策方法」この辺でしょう。

この中から１つ選ぶ時の基準は正直直感です。「どれが一番反応が良さそうか」と考えてみましょう。悩んでしまって決められない場合はそれぞれのタイトルで書いてみるか、どちらのタイトルのほうが反応が良さそうか周りに意見を聞いてみるか、もしくはWebテストを実施し、反応の差を見てみましょう。

■タイトル作り手順③ 実際に検索してみる

タイトルを「激痛にさよなら！ぎっくり腰になる5つの原因と6つの対策方法」で仮決定したとしましょう。次の流れは、実際に検索してタイトルを見てみることです。キーワード「ぎっくり腰　原因」で検索します。

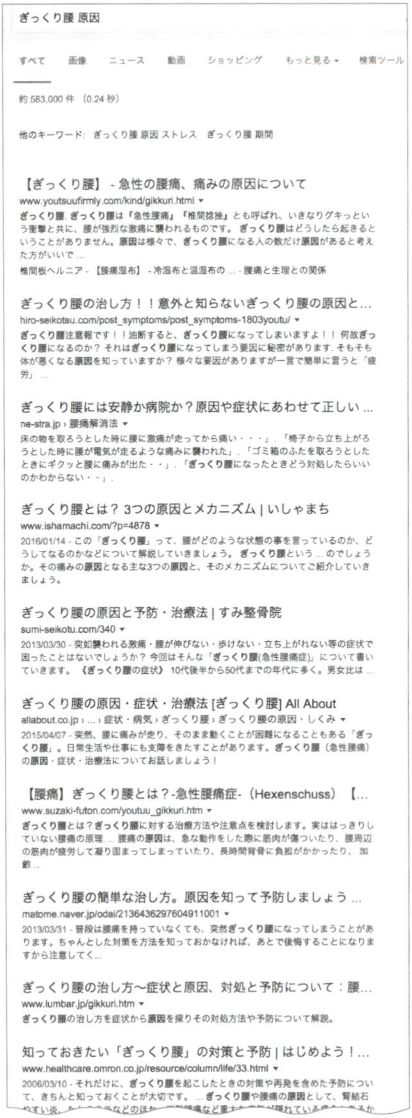

ぎっくり腰 原因

すべて　画像　ニュース　動画　ショッピング　もっと見る ▾　検索ツール

約 583,000 件 （0.24 秒）

他のキーワード: ぎっくり腰 原因 ストレス　ぎっくり腰 期間

【ぎっくり腰】 - 急性の腰痛、痛みの原因について
www.youtsuufirmly.com/kind/gikkuri.html ▾
ぎっくり腰. **ぎっくり腰**は『急性腰痛』『椎間捻挫』とも呼ばれ、いきなりグキっという衝撃と共に、腰が強烈な激痛に襲われるものです。 **ぎっくり腰**はどうしたら起きるということがありません。**原因**は様々で、**ぎっくり腰**になる人の数だけ**原因**があると考えた方がいいで ...
椎間板ヘルニア - 【腰痛湿布】 - 冷湿布と温湿布の ... - 腰痛と生理との関係

ぎっくり腰の治し方！！意外と知らないぎっくり腰の原因と...
hiro-seikotsu.com/post_symptoms/post_symptoms-1803youtu/ ▾
ぎっくり腰注意報です！！油断すると、**ぎっくり腰**になってしまいますよ！！ 何故**ぎっくり腰**になるのか？ それは**ぎっくり腰**になってしまう要因に秘密があります. そもそも体が悪くなる**原因**を知っていますか？ 様々な要因がありますが一言で簡単に言うと「疲労」 ...

ぎっくり腰には安静か病院か？原因や症状にあわせて正しい ...
ne-stra.jp › 腰痛解消法 ▾
床の物を取ろうとした時に腰に激痛が走ってから痛い・・・」. 「椅子から立ち上がろうとした時に腰が電気が走るような痛みに襲われた」. 「ゴミ箱のふたを取ろうとしたときにギクッと腰に痛みが出た・・」. 「**ぎっくり腰**になったときどう対処したらいいのかわからない・・」.

ぎっくり腰とは？ 3つの原因とメカニズム | いしゃまち
www.ishamachi.com/?p=4878 ▾
2016/01/14 - この「**ぎっくり腰**」って、腰がどのような状態の事を言っているのか、どうしてなるのかなどについて解説していきましょう。 **ぎっくり腰**という ... のでしょうか。その痛みの**原因**となる主な3つの**原因**と、そのメカニズムについてご紹介していきましょう。

ぎっくり腰の原因と予防・治療法 | すみ整骨院
sumi-seikotu.com/340 ▾
2013/03/30 - 突如襲われる激痛・腰が伸びない・歩けない・立ち上がれない等の症状で困ったことはないでしょうか？ 今回はそんな「**ぎっくり腰**(急性腰痛症)」について書いていきます。 《**ぎっくり腰**の症状》 10代後半から50代までの年代に多く。男女比は ...

ぎっくり腰の原因・症状・治療法 [ぎっくり腰] All About
allabout.co.jp › ... › 症状・病気 › ぎっくり腰 › ぎっくり腰の原因・しくみ ▾
2015/04/07 - 突然、腰に痛みが走り、そのまま動くことが困難になることもある「**ぎっくり腰**」。日常生活や仕事にも支障をきたすことがあります。**ぎっくり腰**（急性腰痛）の**原因**・症状・治療法についてお話しましょう！

【腰痛】ぎっくり腰とは？-急性腰痛症-（Hexenschuss）【...
www.suzaki-futon.com/youtuu_gikkuri.htm ▾
ぎっくり腰とは？**ぎっくり腰**に対する治療方法や注意点を検討します。実ははっきりしていない腰痛の原理. ... 腰痛の**原因**は、急な動作をした際に筋肉が傷ついたり、腰周辺の筋肉が疲労して凝り固まってしまっていたり、長時間背骨に負担がかかったり、加齢 ...

ぎっくり腰の簡単な治し方。原因を知って予防しましょう ...
matome.naver.jp/odai/2136436297604911001 ▾
2013/03/31 - 普段は腰痛を持っていなくても、突然**ぎっくり腰**になってしまうことがあります。ちゃんとした対策を方法を知っておかなければ、あとで後悔することになりますから注意してく...

ぎっくり腰の治し方〜症状と原因、対処と予防について：腰...
www.lumbar.jp/gikkuri.htm ▾
ぎっくり腰の治し方を症状から**原因**を探りその対処方法や予防について解説。

知っておきたい「ぎっくり腰」の対策と予防 | はじめよう！...
www.healthcare.omron.co.jp/resource/column/life/33.html ▾
2006/03/10 - それだけに、**ぎっくり腰**を起こしたときの対策や再発を含めた予防について、きちんと知っておくことが大切です。 ... **ぎっくり腰**や腰痛の**原因**として、腎結石

ぎっくり腰とは？ 3つの原因とメカニズム | いしゃまち
www.ishamachi.com/?p=4878 ▾
2016/01/14 - この「**ぎっくり腰**」って、腰がどのような状態の事を言っているのか、どうしてなるのかなどについて解説していきましょう。 **ぎっくり腰**という ... のでしょうか。その痛みの**原因**となる主な3つの**原因**と、そのメカニズムについてご紹介していきましょう。

ぎっくり腰の原因と予防・治療法 | すみ整骨院
sumi-seikotu.com/340 ▾
2013/03/30 - 突如襲われる激痛・腰が伸びない・歩けない・立ち上がれない等の症状で困ったことはないでしょうか？ 今回はそんな「**ぎっくり腰**(急性腰痛症)」について書いていきます。 《**ぎっくり腰**の症状》 10代後半から50代までの年代に多く。男女比は ...

ぎっくり腰の原因・症状・治療法 [ぎっくり腰] All About
allabout.co.jp › ... › 症状・病気 › ぎっくり腰 › ぎっくり腰の原因・しくみ ▾
2015/04/07 - 突然、腰に痛みが走り、そのまま動くことが困難になることもある「**ぎっくり腰**」。日常生活や仕事にも支障をきたすことがあります。**ぎっくり腰**（急性腰痛）の**原因**・症状・治療法についてお話しましょう！

【腰痛】ぎっくり腰とは？-急性腰痛症-（Hexenschuss）【...
www.suzaki-futon.com/youtuu_gikkuri.htm ▾
ぎっくり腰とは？**ぎっくり腰**に対する治療方法や注意点を検討します。実ははっきりしていない腰痛の原理. ... 腰痛の**原因**は、急な動作をした際に筋肉が傷ついたり、腰周辺の筋肉が疲労して凝り固まってしまっていたり、長時間背骨に負担がかかったり、加齢 ...

ぎっくり腰の簡単な治し方。原因を知って予防しましょう ...
matome.naver.jp/odai/2136436297604911001 ▾
2013/03/31 - 普段は腰痛を持っていなくても、突然**ぎっくり腰**になってしまうことがあります。ちゃんとした対策を方法を知っておかなければ、あとで後悔することになりますから注意してく...

ぎっくり腰の治し方〜症状と原因、対処と予防について：腰...
www.lumbar.jp/gikkuri.htm ▾
ぎっくり腰の治し方を症状から**原因**を探りその対処方法や予防について解説。

知っておきたい「ぎっくり腰」の対策と予防 | はじめよう！...
www.healthcare.omron.co.jp/resource/column/life/33.html ▾
2006/03/10 - それだけに、**ぎっくり腰**を起こしたときの対策や再発を含めた予防について、きちんと知っておくことが大切です。 ... **ぎっくり腰**や腰痛の**原因**として、腎結石やすい炎、たんのう炎などのほか、脊髄腫瘍など重大な病気が隠れている場合もあるから ...

ぎっくり腰 の 治し 方
広告 www.izito.jp/**ぎっくり腰**+の+治し+方 ▾
6つの検索エンジンから **ぎっくり腰** の 治し 方

ぎっくり腰 原因に関連する検索キーワード

ぎっくり腰 原因 ストレス	ぎっくり腰 予防
ぎっくり腰 原因 治療	ぎっくり腰 期間
ぎっくり腰 治し方	ぎっくり腰になったら
ぎっくり腰 治療	ぎっくり腰 応急処置
ぎっくり腰 対処	ぎっくり腰 原因 疲れ

Gooooooooooogle ›
1 2 3 4 5 6 7 8 9 10　次へ

ちなみに、検索順位を正確に取得するには、ブラウザを「シークレットモード」にして検索しましょう（もしくはYahoo! で検索しましょう）。Googleにログインした状態ではパーソナライズされた検索結果が表示される為、正確な検索結果を得られないので注意してください。

検索結果を見たときに考えることは１つ。「この中にあなたの付けたタイトルが表示されたときに、一番クリックされると思うかどうか」です。

最初にあえて検索結果をリサーチしなかった理由はここにあります。最初に見てしまうと、どうしてもこれらの検索結果が頭に入ってしまって、オリジナリティが損なわれてしまうからです。

検索結果を見た感じ、仮タイトルのままでも他の記事のタイトルよりはクリックされそうですね。

■ タイトル作り手順④ 検索結果を見てタイトルを修正する

検索結果には前ページの図のように表示されるので、その辺りを意識してタイトルを修正します。

「５分でカンタン」や「３つの方法」などのタイトルを付けることも多いですが、数字の部分は記事を書いた後に修正して構いません。
ここでは、あくまで記事の方向性として「簡単に伝える記事にしよう」「具体的な方法を伝える記事にしよう」という指標になるレベルで構わないので、記事を書き終えるまでは仮タイトルということになります。

さて、これでキーワードシートをまとめて仮タイトルをつけるまでが終わりました。できればこの段階で他のキーワードのタイトルも付けておきましょう。
効率の問題ですが、タイトルを付けるときはタイトル付けに集中したほうがいいでしょう。

また「5分でできる！」などの似たようなタイトルばかりにならないようにするためにも、一気にやってしまった方がバランスも取りやすいです。

キーワードとタイトル付けまでの流れをおさらいする

最後に、ここまでの流れをおさらいしておきましょう。

準備の流れ

①キーワードツールで検索数や競合度を取得する

▼

②それをグループごとにまとめていく

▼

③シートを分けて記事のカテゴリーを決める

▼

④キーワードを優先順位順に並び替える

タイトル付けの流れ

①対象のキーワードを検索しているユーザーのペルソナを考える

▼

②ペルソナは「なぜ」「いつ」「どこで」「どんな問題を抱えて」検索しているかを意識する

▼

③実際にタイトル案をいくつか書き出してみる

▼

④タイトル案を見て一番問題が解決できそうで、ユーザーにドンピシャなものをピックアップする

▼

⑤実際に検索して、あなたの作ったタイトルが一番クリックされそうかどうかを考える

▼

⑥検索結果を見てタイトルを修正する

当然ですが、釣りタイトルは絶対NGです。

ユーザーがどんな気持ちで検索をしているのか「腰痛　原因」と検索する人は何を求めているのか？　この部分をとことん考えてタイトルを付けましょう。

Section 05-07 記事の書き方のノウハウ

タイトルに惹かれた読者の期待を裏切らない記事を書こう

タイトルを付けたら、次はいよいよ記事に着手です。ペルソナまで作ってあるので、この段階で既に記事のなんとなくの構想はでき上がっているはずです。

記事を書く際に1つ気をつけなければならないことがあるので覚えておきましょう。

「タイトルの期待を裏切らず、それ以上のものを提供する」

ということです。先ほどのフェーズでは注意深く、いちばんクリックされるであろうタイトルを付けましたね。あなたの付けたタイトルは他の記事とは一線を画す、誰もが見たくなるようなタイトルになっているはずです。

タイトルは読者との約束です。「この記事を読むとこんなことが書いてありますよ！」とタイトルで知らせています。

ユーザーは中身を期待して検索結果をクリックしコンテンツを読むので、タイトルの内容は最低限保証しなければなりません。

32選と書いておいて20選しかないなど、タイトルの期待以下の記事ではシェアは生まれませんし、リピーターにもなってくれないので注意してください。

タイトル以上のコンテンツであればシェアが生まれ、リピーターになります。つまり満足度100%は当然で、120%を目指さなければなりません。

一番クリックされるタイトルを付けたのですから、記事で読者の期待を裏切ってはいけません。

あなたの記事は検索結果の中で一番多くクリックされているのです。記事は気合を入れて書きましょう。

記事は目次から考える

まず、記事の骨子となる目次を考えるところから始めましょう。先ほどの「激痛にさよなら！　ぎっくり腰になる５つの原因と６つの対策方法」のタイトルで記事を書くとすると、以下のような目次になります。

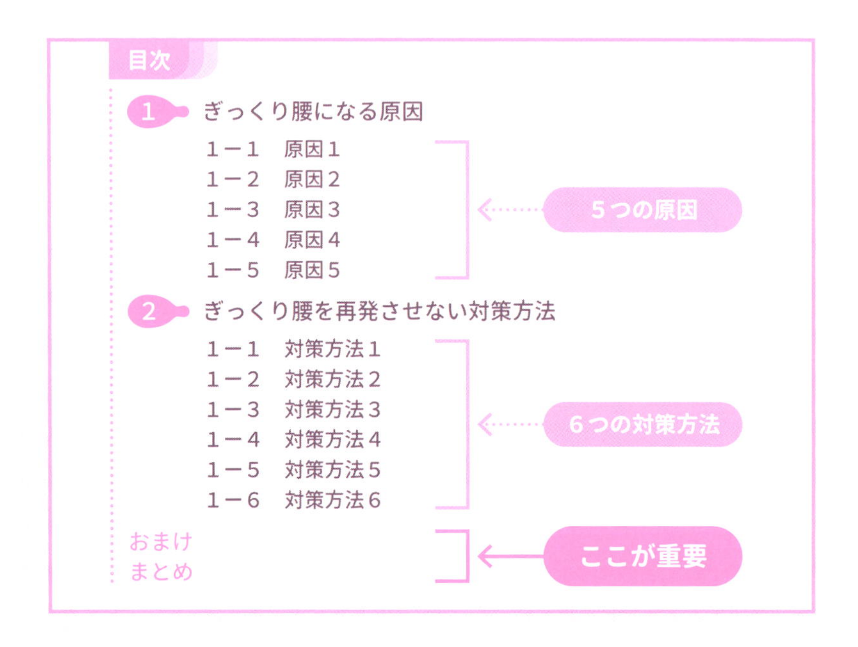

タイトルにある「５つの原因」と「６つの対策方法」は当然掲載しなければいけません。

その上で「これはすごい！」「これは人に教えたい！」「この人は凄い！」と思わせなければなりません。先述したように100％の満足度ではシェアや共有は生まれないのです。具体的な内容は後述しますが、そのために「おまけ」や「まとめ」があります。

記事を書くときに注意すること

具体的に記事を書くときに、気をつけるのは次の５つのポイントです。

①独自の視点を取り入れる

読者が想像できそうな記事は避け、独自のノウハウや方法を伝えましょう。それが難しい場合でも、例えばぎっくり腰の記事なら「急に重いものを持ったらなります」ではなく、「重いものを持つときにこの角度で持ってしまうと」と視点を変えるだけでも違います。

②具体的に書く

これはとにかく重要です。

「巷では今後1年で円高になると言われていますが」のような第三者の情報には誰がどこで言っていたのかなど、きちんとした根拠データをセットにしましょう。

記事内の情報がふわっとしているとサイト全体の信憑性が下がります。また、あなたの記事を読み終わったあとに読者が裏取りをするか、若しくは別の記事に問題の解決方法を探しにいってしまうのです。あなたの事業での事例や客観的な根拠データを交えて記事を書き進めましょう。

③著作権に注意する

画像や引用文章などの著作権に注意しましょう。「ブログ　画像　著作権」や「ブログ　引用　法律」などで徹底的に調べ、できれば法律家に聞きましょう。

④文体を統一する

あなたの文章はそのままあなたのキャラクターになります。ですます・断定口調・口語体、いずれかに統一しましょう。

⑤読みやすさをチェックする

句読点の入れすぎや改行のしすぎには注意です。書いた記事を声に出して読んでみて読みづらくないか、またモニターから引きで見てバランスが悪く無いか、スマートフォンで見て違和感が無いかをチェックしましょう。太字や見出しなどの多用にも注意が必要です。他人からのフィードバックを受けると尚良しです。

書き出しとまとめのチカラ

書き出しとまとめは、書き手の実力を最も見られる部分です。

言い換えると、書き出しとまとめ次第では二度と訪問してもらえないブログになります。

読者は、コンテンツに抱えている問題の答えと情報の正確性を求めています。つまり、書き手の実力に無意識的に注目しています。ではどんな書き出しやまとめなら読者の満足度を高められるのでしょうか？

■書き出しの書き方

書き出しは、ペルソナをそのまま使いましょう。

つまり「そうそう！これ自分のこと！」と思ってもらうのです。Yahoo!知恵袋の例と同じです。

先程のぎっくり腰の記事の書き出しを書いてみましょう。

ペルソナの悩みを使って読者の共感を得られるような書き出しを心がけましょ

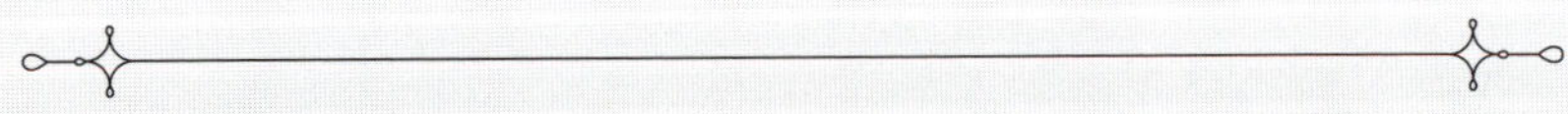

あなたは最近、ついうっかり重いものを持ち上げてしまい、腰をおもいっきり痛めてしまって、人生で初めてのぎっくり腰に不安を抱えていませんか？

はじめてぎっくり腰になってしまうと、次またいつ再発するんじゃないか…と気が気じゃないですよね。私にも同じ経験があります。

今回はそんなあなたの為に、ぎっくり腰になる5つの原因と再発を防止するための6つの方法をお伝えしましょう。原因を明確にして、適切な対処をすることでぎっくり腰の再発率は激減します。

5分程で読める記事なので是非実践してみてください。

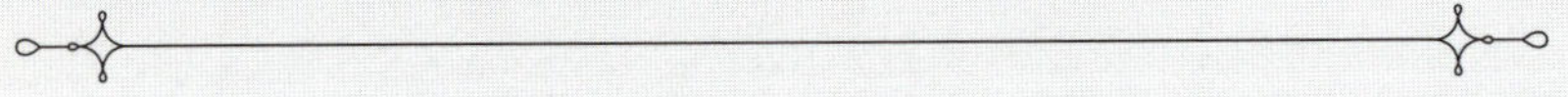

う。「でもこれ以外のケースもあるんじゃ…？」そのとおりです。

ですが、それを裏付けてくれるのはPV数や滞在時間です。ここまで読者を限定してしまうと怖さもあると思いますが、逆に読者を限定して絞ることで濃いファンを形成することができます。誰にでも差し障りのないコンテンツは言い換えると誰にも刺さらないコンテンツになってしまいます。

書き出しが完成すると、あなたは一部の読者のハートを掴むことに成功しています。繰り返しますがハートを掴むべき読者は一部で構いません。

そしてあなたの冒頭に誘導され、解決策を見出すべく記事を読んでいきます。

■まとめの書き方

記事の内容が独自のノウハウや目から鱗の情報であればそれだけで感動（シェア）が生まれますが、全ての記事で感動を生むことが難しいこともあります。

そこで重要なのが「おまけ」の要素です。文の最後におまけが付いていたら自分の期待以上のコンテンツになり、感動が生まれます。

例えばぎっくり腰の記事の場合、「腰の痛みがきた時の対処法動画」を付けてあげるというのはどうでしょう。

「再発防止をしていても再発してしまった時の対処法を教えてもらった」というプラスの心理からブログのファンになってもらえます。そして、感謝の気持から人にシェアしたくなるのです。

読者のことをとことん考えて、どんな記事なら問題が解決できるか、そしてどんなおまけを付けると喜んでもらえるかを考えることが重要です。

ここでは、またぎっくり腰の記事を例にして、まとめにはどんな文章を書けばよいかをお話しします。読者は満遍なく記事を読んで、最後のまとめに差し掛かった…そこで登場する「まとめ」。

まとめは記事を流し読みした人にも伝わるように、まずは言葉の通り記事の総括を書きましょう。

そしてこのまとめに「へ〜〜、そうなんだ」と思ってもらえるような文章を盛り込むと更に効果的です。タイトルや本文に書いていない、別の解決策の提示などです。

　では、ぎっくり腰の記事のまとめを書いてみましょう。

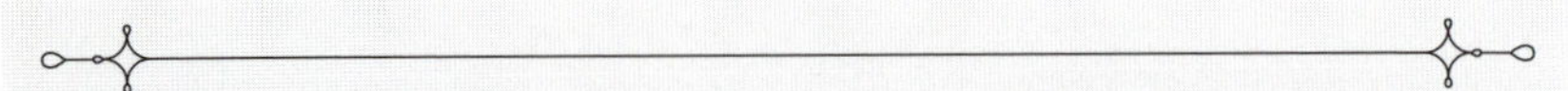

　如何でしたでしょうか。このように、ぎっくり腰になってしまう原因は行動から食生活まで様々なんです。あなたのぎっくり腰になってしまった原因にあわせて対処法を是非実践してみてください。

　ちなみに、ぎっくり腰のあとに腰の痛みが続く場合や、この対処法をやってみてもぎっくり腰が再発してしまう場合は、こちらの腰バンドがお勧めです。
【URL】
　これは、病院や多くの整体院、当院でもお勧めしている一番人気の腰バンドです。薄くて服の下に来ていても目立たない点も人気です。
　もし再発してしまうようでしたら購入を検討してみるのもアリですよ。

　このように、＋αの情報に人は好感を抱きます。
　最後のおまけのチカラで、あなたの記事は「なんて親切なんだ！」「このブログの情報は役に立つ」「他の記事も見てみよう」「ぎっくり腰は他人事じゃないし、他の人にも教えてあげよう」となるわけです。

Section 05-08 ブログのアクセス数を増やす一番簡単な方法

ブログの記事を分析しよう

「一生懸命、毎日記事を更新してもPV数が増えない………」「良い記事を書いているつもりではいるし、キーワードも需要のあるものなのに…」。

ブログをやっていると、必ずこのような状況に陥ります。最後にPVを一瞬で伸ばすブログの記事の分析と改善方法をお伝えします。文字通り、本当に一瞬で伸びるので、是非実践してください。

■Google Search Console(旧Webマスターツール)

Google Search Console（以下サーチコンソール）を使った分析方法です。

サーチコンソール(https://www.google.com/Webmasters/tools/)にアクセスし、あなたのブログを登録しましょう。

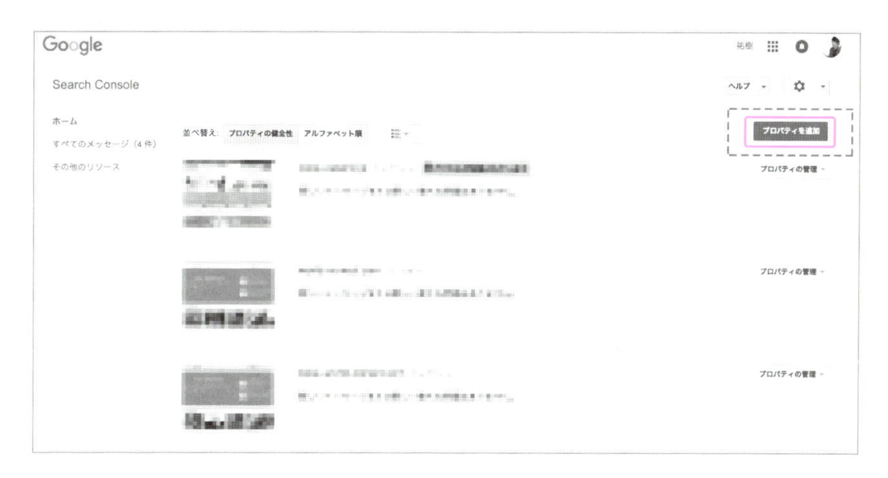

枠で囲んであるボタンから登録が可能です。URLを登録したあとに、Webサイトの認証があるのでそれを済ませてください。

登録を終えたら、メニューの「検索トラフィック」の中の「検索アナリティクス」を選択してください。そして、上段の「クリック数／表示回数／CTR／掲載順位」の全てにチェックを付けます。

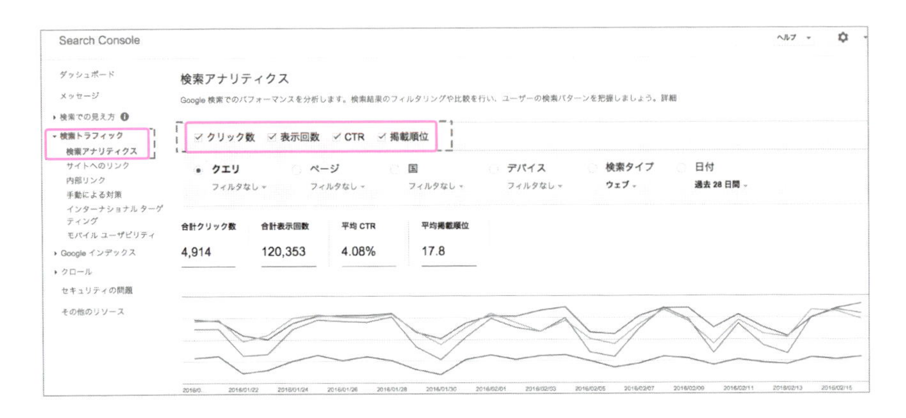

すると、このようにキーワードリストが表示されます。

このリストは、あなたのサイトにどんなキーワードで訪問しているかがわかる、大事な指標です。このリストを枠で囲んである「表示回数」の多い順でソートしてください。

	クエリ	クリック数	表示回数▼	CTR	掲載順位	
1	sem	79	6,159	1.28%	8.3	»
2	ppc	93	4,927	1.89%	4.7	»
3	リスティング広告	12	3,230	0.37%	34.4	»
4	ppc広告	145	2,830	5.12%	2.0	»
5	ランディングページ	8	1,911	0.42%	27.4	»
6	リスティング 意味	34	1,802	1.89%	4.3	»
7	フレーミング効果	94	1,654	5.68%	4.3	»
8	アクセス解析	7	1,225	0.57%	24.8	»
9	semとは	286	1,039	27.53%	1.0	»

項目は右から順に以下の内容を表しています。

- クリック数→あなたのサイトが何回クリックされたか
- 表示回数→あなたのサイトが何回検索結果に表示されたか
- CTR→表示されたうち何%クリックされたか
- 掲載順位→そのページは何位に位置するか

また、どのページが表示されているか知りたい場合は上段の「クエリ」を「ページ」に切り替えてみましょう。PCとスマートフォンに分けて表示することも可能です。

分析結果からブログを改善する

さて、ここでわかることが2つあります。

①検索順位が高くCTR（クリック率）が低いクエリ
②表示回数が多いのに検索順位が低いクエリ

①に対処をすることでPV数を一瞬で増やすことが可能です。しかし、同時に減らしてしまうことも考えられるので、慎重にいきましょう。

PVを一瞬で増やす方法は、検索順位が高くクリック率が低い記事の「タイトルの変更」です。

理由は簡単で、検索結果から見える部分は「タイトル」と「ディスクリプション」だからです。

そして変更のインパクトが一番大きいのが「タイトルの変更」です。

せっかく検索の上位にいるのに、クリック率が低いということは、あなたの記事が選ばれていないことを意味します。

より惹きつけるタイトルに変更してクリック率を高めることができればそれだけで流入数が増えます。また、タイトルとディスクリプションの両方を見なおしても良いでしょう。

②の「表示回数が多いのに検索順位が低い記事」の対処法についてですが、そもそも上位表示を取ることができると、より多くの表示回数を稼ぐことができるはずですよね。

前ページの画像でいうところの「リスティング広告」というキーワードは3,230回も表示されているのに、掲載順位は34位です。

もしこのクエリが上位TOP10に食い込んだら、ものすごく表示回数が増えることが分かります。

具体的にはこのクエリで34位にいる記事を見て、記事の中身の変更を検討しましょう。

内容を加筆したり、切り口を見なおしたり、編集をしてソーシャルネットワークに再投稿をします。

前述した通り上位表示にはナチュラルリンクが必須です。ナチュラルリンクを獲得するには、ソーシャルネットワークで拡散され、人々の目に振れる機会を増やす必要があります。

「順位の低い記事＝支持を得ていない記事」と理解しましょう。

情報の拡散性にはタイトルも重要です。往々にして、タイトルだけ見てツイートしたり、シェアしたりするケースも多いからです。ですから、記事の中身だけでなくタイトルの見直しも検討したほうが良いのですが、一度に両方やるよりも、まずは記事の中身かタイトルのどちらかに絞って様子を見ることをおすすめします。それによって、あなただけの改善ノウハウが身につきやすくなります。

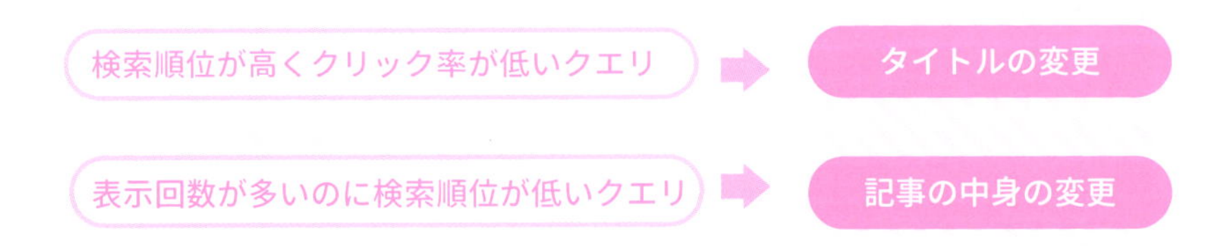

記事の満足度を高める

最後に、記事の満足度を計ってみて、満足度の低い記事を改善しましょう。

満足度はあらゆる面から測ることができます。ソーシャルでURLを検索して反応を見たり、いいねやブックマークの数などで推測が可能です。ここではGoogle Analyticsを使った、たった一つのシンプルな方法をお伝えします。

Google Analyticsで「行動」→「すべてのページ」と進むと、上図のようなレポートが表示されるので、「平均滞在時間」を上から少ない順に並べます。

そして「アクセスはあるものの、滞在時間が少ない記事」を探してみましょう。滞在時間が低い＝読んでいないということです。とりわけ、アクセスが多いのに滞在時間が少ない記事は問題です。この画像だと枠で囲った記事がそれにあたります。166のセッションで平均が16秒ですね。

何秒だと短いかは、相対評価です。あなたのブログの中で一番長い滞在時間の記事または同程度の文字数で滞在時間の長い記事と比べて見て、一番低いものから改善しましょう。このような記事をリスト化しておくとそのリストがそのまま改善リストとなり、管理も楽です。

コンテンツマーケティングについて勉強をしていると「人々の心に刺さるコンテンツを作る」「役に立つコンテンツを作る」などと曖昧な表現が出てくることが多いのですが、実際はこのように感情を類推することが可能です。

アーティスト的な感覚で記事を投下していくのではなく、分析も交えながらやっていくと成功への確率を高めることができます。

今までPPC広告のCPAが5,000円だったとして、同等数の集客が実現すると集客の総CPAは単純に半額になります。ぜひ頑張ってください。

Part 6

もっと
効果を高めるための
ランディングページの
運用

Section 06-01

LPOを軸にしたWebマーケティング最後の仕上げ

さらに効果を高めるための運用

ここまではランディングページを作る前の準備、実際のコンテンツ、集客方法についてお伝えしてきました。

これらの項目をきちんと実践すれば100%必ず集客ができるようになっているはずですが、売上はできる限り最大化したいはず。まだまだできることはあります。

また、コンバージョンしたとしても直接商品を販売する物販で無い場合などは「最終的に案件にならなかった問い合わせ」もあるはずです。

こういった案件にならなかった問い合わせは放置されがちですが、お金や労力をかけて取得したリストですから、最大限活かさなければいけません。

この最終Partでは「もっと効果を高めるためのランディングページの運用」について触れていきます。具体的には「メールマーケティング」「ABテスト」「ランディングページの量産」の3項目について解説します。

運用によって効果を高めたり、または前述のような案件にならなかったリストを最大限活用し、無駄なく取りこぼし無く運用していきましょう。

ランディングページの運用

メールマーケティング……205ページ参照
ABテスト……212ページ参照
ランディングページの量産……216ページ参照

Section 06-02 メールマーケティングは古くない！

メルマガは全く古くない！

「メルマガのビジネス活用」と言うと「なんか古いな」とイメージする人も多いかもしれませんが、まったくそんなことはありません。

Gmailのユーザー数は世界で10億を突破しています。

コミュニケーション手段はLINEやFacebookメッセンジャー、Twitterなど多様にはなってきていますが、まだまだメールの時代は終わりません。なぜなら、現代ではメールアドレスを持たずに生活をすることが不可能だからです。

チケットの予約、会員登録、Amazonでの買い物など、メールアドレスを所持していないとインターネット上のほとんどのサービスに登録することができません。

メールを使う時間は確かに短くなるでしょう。しかし現在のメール利用率などを考えるとメールマーケティングをしない理由はありません。

売るだけではなく、コミュニケーションが大事

メールやLINE、FacebookにTwitterと、現代はユーザーと近い距離でコミュニケーションを取ることが容易になりました。

これを複雑と捉えるか、チャンスと捉えるか、あなたはどちらでしょうか？売り切り・売るだけでは継続的な収益は見込めません。あなたの商品を扱っている競合はきっと多くいることでしょう。

その中で、継続的に選んでもらうにはコミュニケーションは不可欠なのです。継続的に顧客とコミュニケーションを取り、常に購買選択肢の中に食い込むようにしましょう。

「コミュニケーションと言われてもどういう情報を発信すればいいのか分からない」と迷うこともあるかもしれません。そんなときは「人々が好きな情報」を発信するようにしましょう。人々が好きな情報とは具体的には、以下のような情報です。

- 生活の役に立つ情報
- 笑える / 驚きの / 泣ける . おもしろい情報
- 有名人 / 芸能人の情報
- 最新の情報
- 何かのやり方 / 方法

■情報を欲しがっている「人物」を考えるのがポイント

例えば水道屋さんの場合。水道屋が水回りのマニアックな知識を発信したとして、確かに役に立つ情報ではあるのですが……見る人は少ないでしょう。

こんなときは「水道屋に電話を掛ける人」のことを考えてみましょう。その人が主婦だと仮定すると、どんな情報が好まれるかは見えてくるはずです。

商品と直接関連付けをするよりも、商品を買う人・欲しがっている「人物」に焦点を当ててみると、視野が開けて様々なアイデアが思い浮かびます。

Section 06-03 メルマガとステップメール

メールマーケティングの2つの方法

メールマーケティングの方法は2つあります。「メールマガジンの発行」と「ステップメールを組む」方法です。

■メルマガとは

メルマガは説明するまでもないと思いますが、簡単に言うと、購読者に対して定期的にメール配信することです。

■ステップメールとは

ステップメールとは予め配信設定をしておいた文面を段階的に配信し最後の着地に誘導させる方法です。

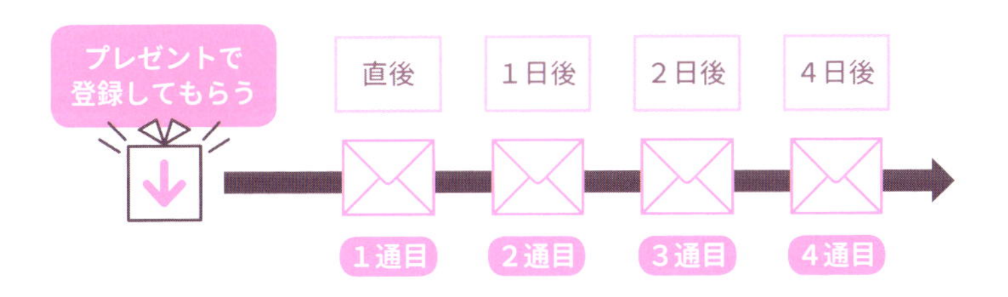

どちらにせよ、メールアドレスを集め、メールを配信し、ブログやランディングページに誘導するという流れになります。

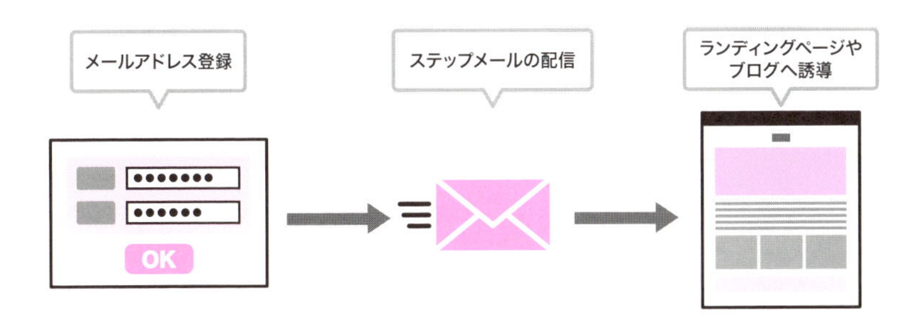

メールマーケティングの重要なポイントは「どうやってメールアドレスを取得するのか？」「何を配信するのか？」「どのように着地させるのか？」この３つです。

メールアドレスリストの取得方法

まずは「どうやってメールアドレスを取得するのか？」から考えていきましょう。大きく分けて３つの選択肢があります。

■❶名刺リストを作成する

言わずもがな、あなたの会社のお客様の名刺を名刺スキャンサービスなどで取り込み、名刺をリスト化する方法です。

数百枚あれば十分活用可能で、なおかつ今すぐ実施が可能な方法です。まず、どういった「メルマガ」もしくは「ステップメール」を配信するかを決めて、全ての名刺を取り込み、その中から配信可能なリストを分ければ完成です。そして新規の名刺は必ずソフトに登録するようにルーチン化しておきましょう。

■❷無料プレゼントを用意する

e-bookや無料のサンプル、500円モニターセットなどの破格のキャンペーンを打って、メールアドレスを登録してもらう方法です。美容・健康食品の業界ではこの手法を取り入れている企業も多いですね。

キャンペーンを打つ場所は様々ですが、検索広告やメルマガ広告などの手法が目立ちます。自社サイトにオウンドメディアやSEOで集客できている場合にはこのプレゼントへの導線を設置するのがベターです。

■❸業者に頼む

お勧めしませんが合法的にリストを買う方法もあります。ほとんどの場合で購入したリストは反応が薄く、既にアドレスが削除されていたり捨てアドが紛れているケースも多いです。何より不正に入手したアドレスを買ってしまうリスクもあるのでおすすめはできません。

もしリストを購入する際には、オプトインの同意をきちんと取得して、記録を保存している業者であることが大前提です。また特定電子メール法や特定商取引法など、必ず周辺の法律を法改正を含め確認しておきましょう。

本書でおすすめするリスト取得は❷の方法です。繰り返しになりますが、❸を検討する場合は必ず周辺の法律をチェックしてください。無用なトラブルに巻き込まれかねないので注意が必要です。

さて、❷のリスト取得方法をもう少し具体的に見ていきましょう。以下の2つの方法で、メールアドレスを集めてみてください。

- **ブログを開設してPVを伸ばし、無料プレゼントに誘導する**
- **広告配信から500円モニターや無料サンプルなどのプレゼントに誘導する**

どちらを選んだにせよ、共通して言えるのは「見込み客に対してメリットのあるプレゼントを用意する」ことが必要不可欠です。

現代のメールアドレスの価値は高く、1つのアドレスを取得するのに5,000円かけてもいいという会社もあります。

インターネットユーザーの多くはメールアドレスを渡せばメルマガが届くことを知っています。ですから、相応の強力なメリットがないと自身のメールアドレスを渡すような事はしません。この点に注意してプレゼントを用意しましょう。

■メールアドレスへのお礼のプレゼントは何をあげたらよいか

メールアドレスを登録してもらえたお客様へのプレゼントは、例えばこんなものがよいでしょう。

- **通常3,000円相当の化粧品のサンプルセットが「期間限定で100円」**
- **特典付き！“7日間で覚える投資の基本”無料メールセミナー**
- **会員限定マル秘集客セミナー動画を限定無料公開！**

このように、お客様にメリットを感じてもらえるようなメールアドレス取得用の企画を考えてください。

大事なことは、顧客の考えるメールアドレスの価値よりもオファーが上回ること。メールアドレスには現金にして2,000円以上の価値があると考えましょう。

何を配信するのか？

無事アドレスリストを取得できたら、いよいよメール配信です。

ステップメールはストーリー性を持って配信することが大切です。顧客との関係構築を深め、関係が十分に深まっている状態でセールスをします。プレゼントが欲しくて登録した「遠い見込み客」の温度を高める必要があるのです。具体的には、プレゼントとおまけを用意しましょう。

では、具体的に「置き換えダイエットスムージーを販売している販売業者」を例としてステップメールの順番を考えてみましょう。

「メールアドレス取得〜コンバージョンまでのストーリー」はこうです。

まず、ユーザーに「糖質制限レシピ100選をダウンロード」の無料プレゼントを見てもらいます。

糖質制限オフメニューに興味のあるユーザーは、メールアドレスを入力。すると、ダウンロード用のリンクの付いたメールに“おまけ”が付いていました。おまけは「レシピ100選の中から1ヶ月の献立に起こしたPDF」です。

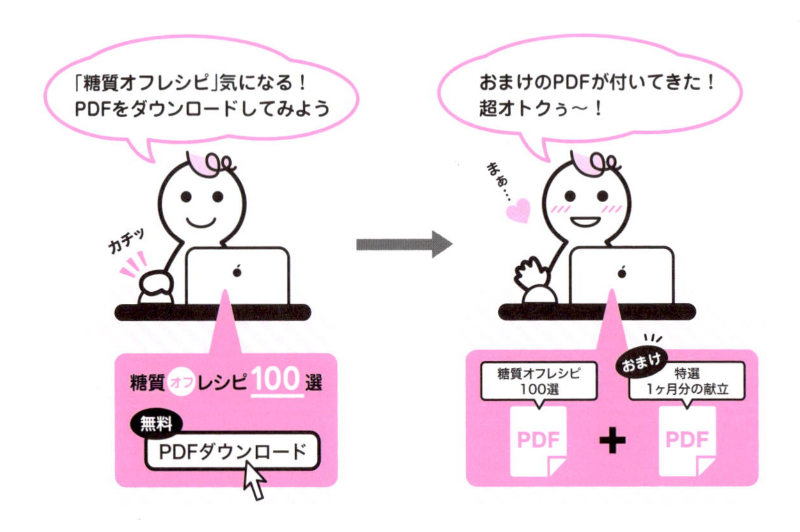

ここでユーザーはびっくりします。「糖質制限レシピ100選」だけが送られてくると思ったのに、おまけがついている。しかも、レシピの中から1ヶ月の献立を考えてくれるというさらに便利なものが。

ここでユーザーは、好感を抱くようになります。「ここから来るメールはもしかしたらお得で、重要なものかもしれない」と考えます。

そこで、次の日にもまた次の日にもその次の日にも、怒涛のプレゼントを送ります。あくまでさり気なく。そして事例を送り実力を証明し、最後にキャンペーンの案内を送るのです。一連の流れをまとめるとこうです。

ステップメール戦略例（例：置き換えダイエットスムージー販売会社）

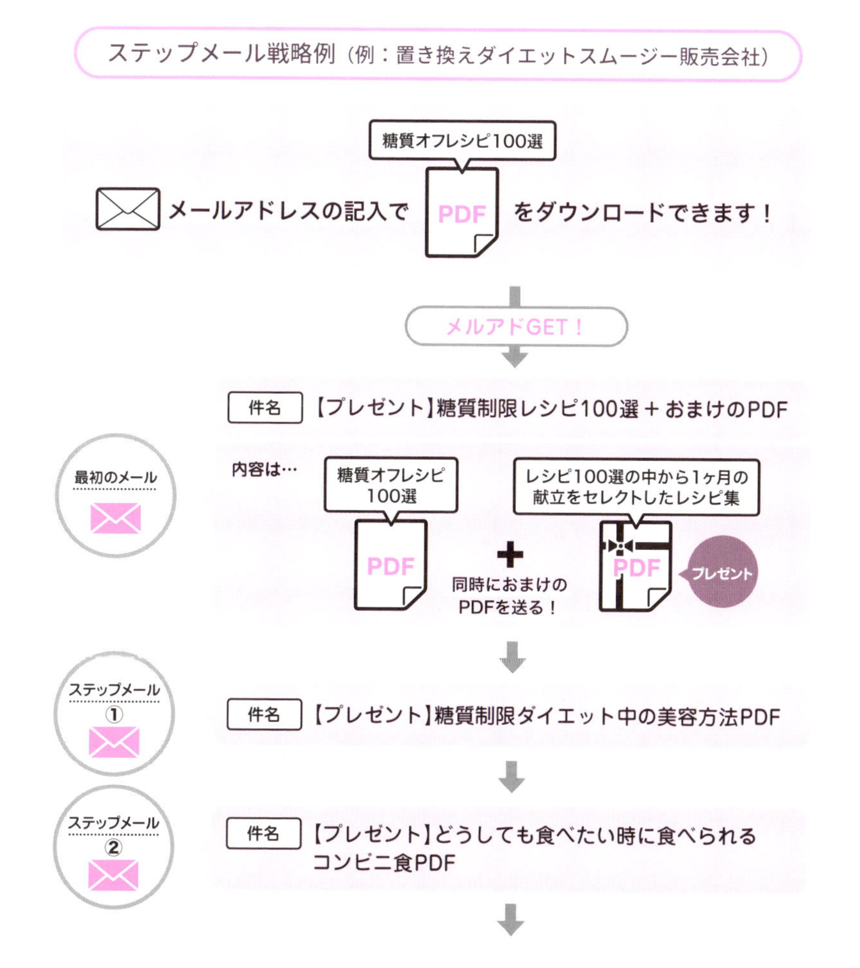

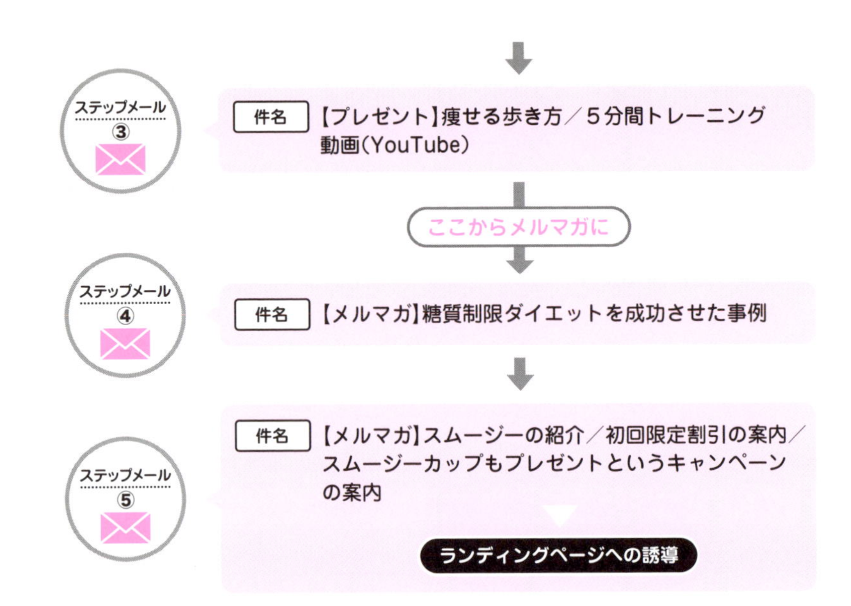

どのように着地させるのか？

上図にあるように、コンバージョンは最後のキャンペーンの案内で狙います。

さらに通販であれば、商品発送時に次回から簡単に定期通販やリピート購入ができるようにQRコードを同封するとリピート客になるかもしれません。ここでもサプライズプレゼントを送るのもアリです。

また、こうした一連のステップメールを配信し、まずは安い商品をキャンペーン価格で販売して、顧客になってもらってから高額商品を販売するという戦略も効果的です。これをフロントエンドとバックエンドといいます。まずフロントの商品を販売し、高単価なバックエンドに繋げるという方法ですね。

もしあなたの商品が知名度が無く、価格競争にも巻き込まれたくない場合はこうした戦略を組む事で独自の販路を持つことができます。そして顧客はあなたの商品・会社のファンになり、継続的に商品を購入してくれるようになるのです。

サービス業の場合は最後に問い合わせを得てからは対面が可能なので、いかようにもコントロールできるケースが多いです。

戦略的にメールを送る方法も

メール配信ソフトは、機能も使い方も様々です。

最近は数千円で利用できるものでも機能が充実してきていますが、マーケティングオートメーションツールとして販売されている高機能なメール配信ソフトもあります。メールマーケティングをするうえで外せないメール配信ソフトの機能としては以下になります。

- **リストが細かく分けられるもの**
- **開封/未開封がわかるもの（率も含めて）**
- **同じメールを何回開けたかが分かるもの**
  ※開けたor開けてないがわかるものは多いですが、１つのメールを何回開けたかまでわかるものがいいです。
- **「○○のメールを開封した人」などのタグ付けができるもの**
  ※セグメントを絞るのに役立ちます

これらが分かると、例えばメール１つでも「１週間前に送った内容を毎日開封している」「やたらサイトを見ているけど問合せしてこない」といった行動履歴がわかります。

こうしたユーザーへは「もうすぐ終了」とか「残り何台」というメールを配信したり、テレアポしてアプローチしたりするのも有効な手段です。

こういった機能を使えば、１通のメール配信でも様々な戦略が考えられます。

- **メールを1度だけ開封して問い合わせをしない人**
- **メールを何度も開封しているが問い合わせをしない人**
- **メールを開封しない人**
- **何度送っても開封しない人**

これらのユーザーに、同じようなメールを送っても最大限の効果が得られないのは想像に難くないでしょう。

Section

06-04

効果を高め続けるABテスト

Part 6

効果のテストを行おう

ホームページと違って、ランディングページは1ページで作成されることが多いので、その修正のし易さから改善のサイクルを回しやすいという性質があります。

ABテストというのは、1つのランディングページのBパターンを作成・配信し、どちらが効果が高いかをテストする方法です。3パターンを同時にテストするなら、ABCテストです。

ABテストは専用のソフトも出ていますし、Google Analyticsでは無料で簡単に(10分程で)設定することもできます。

テストといっても、テスト期間中に効果の高い方に自動で配信を寄せてくれることも可能なので、テストをしながら運用もしているイメージで使用できます。

ABテストの例

例えばターゲットが35歳の女性で、肌が綺麗になるような美容クリームを販売していた場合、キャッチコピーの方向性として下記2案のうち、どちらが優れているか――。

訴求1：若々しさを手に入れる
訴求2：若々しさを保ち続ける
※表現は関連法に注意してください。

悩んでしまった場合、配信してみないとわからない部分も大きいです。

「たぶんこっちの方がいいだろうな？」という予想はできますが、答えはユーザーの反応が決めることです。悩んでしまったら、サクッとBパターンを作成し、ABテストにかけるといいでしょう。

私が実践している中で一番シンプル且つ効果絶大なABテスト方法は「売れるネット広告社」の加藤公一レオ氏の著書「１００%確実に売上がアップする最強の仕組み（ダイヤモンド社）」の中で紹介されている手法です。

氏の手法を紹介する前に、私が考えるABテストをすべき箇所と優先度をまとめます。

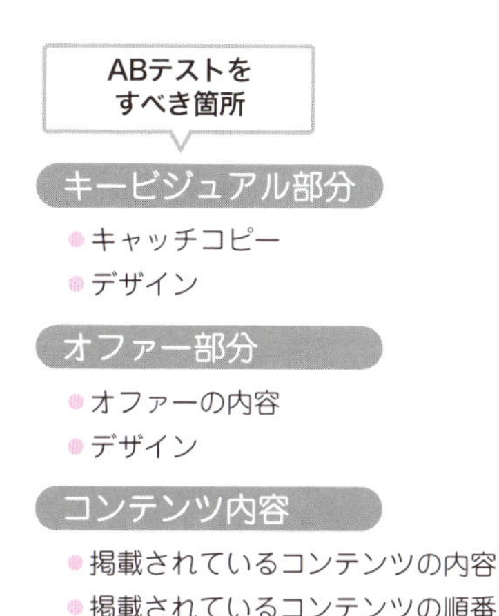

変更して一番影響度の大きい部分はキャッチコピーとオファー部分です。

ランディングページから成果が上がらない場合、ほとんどはTOPのファーストビューを見ただけで離脱されています。

次に、オファー部分です。魅力的で無いオファーだと、これもまた離脱の原因になります。

心を掴むキャッチコピーが書けるようになるには練習とフィードバックが必要です。

いくつかのコピーを書いてABテストをしてしまうのが良いでしょう。

加藤公一レオ氏が著書「１００%確実に売上がアップする最強の仕組み」の中で推奨しているABテストの方法を簡単にまとめたのが次図です。

ABテストで効果があるものを残していく

スペースの都合でバナーで表現していますが、ランディングページでももちろん可能な手法です。

まず上段の３枚の画像、ここではキャッチコピーのテストだけをしています。３種類の異なるコピーの中から、最強コピー選手権をするのです。

コピー以外を変えてしまうと、何の要素で差が出たのかわからなくなるため、あくまでコピーのみのトーナメント戦です。
　例えば一番右の画像の「フリーウェブのすごいマーケティング」のコピーライティングが一番好反応だったとしましょう。

　次に2段目です。
　2段目のパターンでは、今度は背景の画像だけを変えています。
　もう、お気づきでしょう。各要素における最強選手権を開き、一番好反応なものの組み合わせを割り出すのです。
　2段目の背景画像テストでは、真ん中の画像が勝ったとしましょう。

　最後に、最強のコピーと最強の画像を合わせ、オファーのテストをします。このバナーで言うとボタンの部分ですね。
　こうして、最強のコピー／最強の画像／最強のオファーを短期間で割り出すことで、運用の中で高反応なランディングページに仕上げていくのです。

Column

加藤公一レオ氏著「１００%確実に売上がアップする最強の仕組み」

　本Sectionで紹介したABテストの手法は「<ネット広告&通販の第一人者が明かす>100%確実に売上がアップする最強の仕組み（加藤公一レオ著／ダイヤモンド社）」を参考にしています。

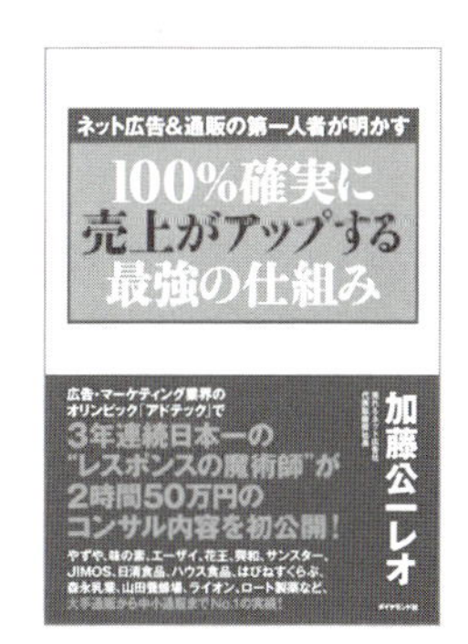

Section 06-05 ランディングページを量産する

複数のランディングページを使い分ける

最後に、私が推奨する最強のランディングページ量産術をご紹介します。

ABテストでは「とある流入に対してどちらの方が成果が出るか」をテストしましたが、ランディングページはキーワードや媒体ごとに別々のものを用意したほうが本当は効果的です。

通常、1つのページに様々なキーワードで集客していますが、実際は検索キーワードによってニーズは様々です。その様々なニーズを、1つのランディングページで満たせるわけが無いのです。

例えば「ランディングページ制作」というキーワードと「ランディングページ値段」というキーワード。この2つでもユーザーの求めるものが違うのは、直感的にわかるでしょう。

ですから、一番はランディングページを複数量産して用意することです。

ランディングページを複数作り、キーワードや配信する媒体(Google/Facebook/Twitterなど)によって使い分けることを推奨します。

そうは言っても、そんなに多くのランディングページを発注したり、制作したりするのはあまり現実的ではないと思うでしょうか。

ですが、これならどうでしょうか？　次ページの2つのランディングページをご覧ください。この2つは今実際に当社が稼働させている研修集客用のランディングページですが、見て分かる通り2つのページは内容もデザインもほぼ一緒です。

ランディングページの量産の例

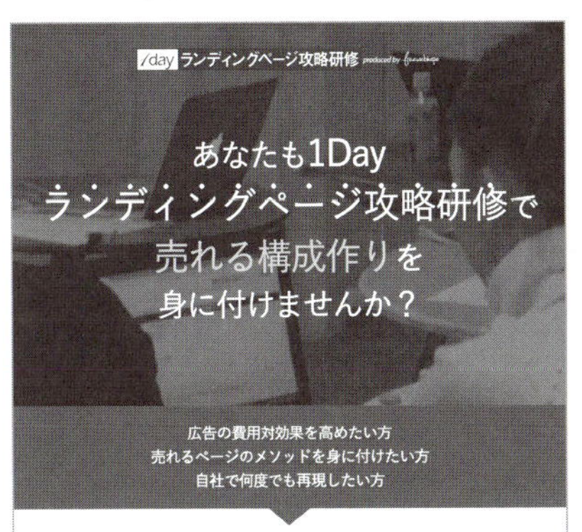

広告の費用対効果を高めたい方
売れるページのメソッドを身に付けたい方
自社で何度でも再現したい方

売れるページ構成作りの「具体的なやり方」を
全てお伝えしています！

数々の実績を上げてきた本物の構成ノウハウ

講師
㈱FREE WEB HOPE代表取締役社長
相原 祐樹

株式会社FREE WEB HOPEは神田で20名ちょっとのランディングページ制作に特化したWEBマーケティング会社です。

年間100本以上の制作を6年間手掛け、東証一部上場企業から一人代表の会社まで幅広くランディングページ制作をしてきました。

経験業種は200を超え、その膨大な経験値とその経験から得られるページ構成ノウハウ、広告運用ノウハウが高いご支持を頂いております。

結論 売れるLPの構成は、内製化出来ます。

私たちが6年間で実証してきたランディングページ制作に必要な鉄板の構成、【誘起】【結論】【証拠】【信頼】【ストーリー】【クロージング】【PS】のノウハウを全てお伝えします。
この1Dayランディングページ攻略研修では、丸1日8時間の研修を通して、あなたも、あなたの会社の社員さんも、体系化されたノウハウを学ぶことが出来ます。

考え方や概念をお伝えするセミナーでは無く、「やり方」を教える研修という形式をとる事で、手を動かしながら、頭で考えながら、ツールやシートを使いながら売れるページ構成に必要な要素を全てお伝えします。

結果として、誰にでもランディングページの構成設計を内製化することが出来ます。

だから

LPの構成にはセンスは不要
体系化された"やり方"を知れば誰にでも出来ます。

でも…

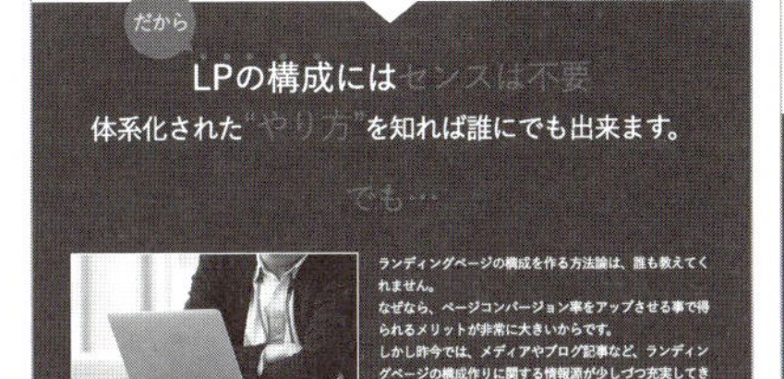

ランディングページの構成を作る方法論は、誰も教えてくれません。
なぜなら、ページコンバージョン率をアップさせる事で得られるメリットが非常に大きいからです。
しかし昨今では、メディアやブログ記事など、ランディングページの構成作りに関する情報源が少しずつ充実してきました。実際に多くのブログやメディアには正しい情報も

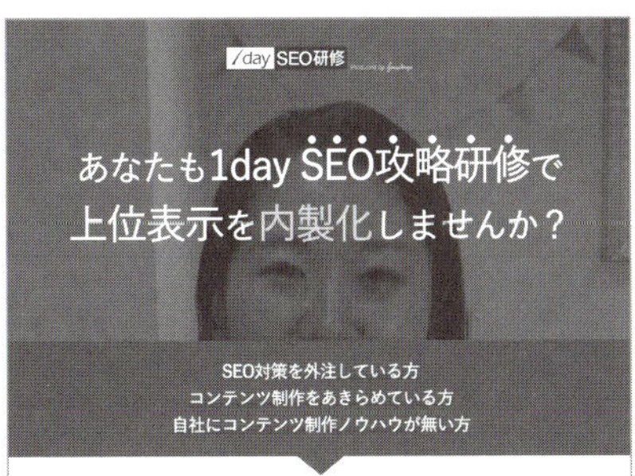

SEO対策を外注している方
コンテンツ制作をあきらめている方
自社にコンテンツ制作ノウハウが無い方

上位表示の達成に必要な「具体的なやり方」を
全てお伝えしています！

数々の実績を上げてきた本物の上位表示ノウハウ

講師
BU代表 田中 博之

様々なBIGワードで上位表示を達成中！
SEO激戦区の恋愛系・子育て系コンテンツで数千キーワードをTOP10圏内に！
このように上位表示が出来る仕組みとは…？

頑張って記事を書いても上位表示されず…、PVも上がらず…、
SEOの費用を支払ったのに全然結果が出ない…、それも今日までです。

本日ご紹介するSEO攻略映像講座で学びながらSEO対策を実践すると、ライティングが苦手な人でも上位表示を達成することが出来ます。

なぜそんなことが可能なのでしょうか？

それは、様々な分野のビックキーワードを上位表示させてきた、メディアサイト運営のプロが今回のSEO攻略映像講座の講師として初心者でもSEO対策が実施出来るようにカリキュラムの作成をしているからです。

このSEO攻略映像講座のポイントは、「いつでも・どこでも・何度でも見れる」という、「映像講座」であること。
そして見るだけではなく、実際に手を動かすワーク形式にあります。

五月雨式に流行りのテクニックを学ぶのではなく、上司が部下に仕事を教えるかの如く1から体系化されたSEO対策のカリキュラムを学ぶ事で、ライティングが苦手でもカンタンにSEO対策に必要な技術を身につけることが出来るのです。

結論 SEO対策は、内製化出来ます。

SEO対策に必要な、内部対策とコンテンツライティングは、きちんと学べば誰でも内製化が可能です。
しかし、ブログなどで学んでも情報が散漫だったり最新の手法ばかりが目につきませんか？

そこで、この1DAY SEO研修では、丸1日8時間の研修を通して、あなたも、あなたの会社の社員さんも、体系化されたノウハウを学ぶことが出来ます。

考え方や概念をお伝えするセミナーでは無く、「やり方」を教える研修という形式をとる事で、手を動かしながら、頭で考えながら、ツールやシートを使いながら検索エンジンで上位表示を取るために必要な方法を学べます。

結果として、誰にでもSEO対策を内製化することが出来ます。

だから

SEO対策にはセンスは不要
体系化された"やり方"を知れば誰にでも出来ます。

でも…

SEO対策をするための方法論は、誰も教えてくれません。
なぜなら、上位表示を達成する事で得られるメリットが

違うのはキャッチコピーと、ボディコピーの一部です。

このように、デザインも内容もほぼ一緒のランディングページであれば、量産のイメージが湧きますよね。

つまり、1つのランディングページから大量のコンバージョンを生むのではなく、1つ1つは少なくてもいいのでコンバージョンレートが高く、且つCPAの低いページを目指しましょう。

1つのページは、小さく稼ぐことがコツです。それを量産することで、大きく稼ぎましょう！

ランディングページ量産のイメージ

・ニーズの分からないBIGワード（例：引越し など）
→メインとなるLPを配信

・ニーズが明確なテールワード（例：豊島区　引越し/1ldk　引越し　など）
→豊島区の物件仲介手数料半額！　1LDK特集！

・Facebook広告
→理想のお部屋人気ランキング１００選PDFダウンロード！（リスト取得用LP）

・Twitter広告
→引越し代金を３分の1にした全手順（記事型ランディングページ）

このようなイメージでランディングページを量産し、媒体やキーワードによって訴求を変えていく方法をおすすめします。

おわりに

「現役LPO会社社長から学ぶ　コンバージョンを獲るランディングページ」いかがでしたでしょうか？

本書ではランディングページ……というよりマーケティングを行う上での土台となる考え方からテクニック、方法論までを網羅して公開しました。

いちばん重要なポイントは「いかにユーザーの事を考えられるか」これに尽きます。ユーザーが求めているものは何か、好きそうな色やデザインは、何に困っているのか、解決してどうなりたいのか、そして最後に、自社の提供できる価値は何か。

たまに「これは勝てないな」と思えるランディングページに出会うことがあります。

えてしてそういったランディングページは、作り手のユーザー理解度がとても深いレベルでされており、大抵の場合は効果が出ています。

テクニックや方法論はあくまでも土台となるマインドや考え方があっての話です。

是非これを機会に、誰よりもユーザーと自社の事を考えてみて下さい。そして、もしその時間を短縮したかったり、一緒になって成長していきたいとお考えであれば是非当社にご連絡を（笑）。

最後に、本書の執筆にあたり最高の名著である「１００％確実に売上がアップする最強の仕組み」より、ABテストノウハウの掲載を快く許諾頂いた「売れるネット広告社」の加藤公一レオ社長へ、心より感謝申し上げます。

度重なるスケジュールの遅延にも快く付き合ってくれたソーテック社の大波さんにも心よりの感謝を申し上げます。執筆のお話を頂いて１年経ってしまいましたが、大波さんで無ければ書ききることができなかったと思います。本当に有難うございます。

そして執筆にあたり、素材やテキストチェックなどのあらゆる点で協力頂いた当社メンバーにも深く感謝致します。

2018年4月

株式会社FREE WEB HOPE代表　相原 祐樹

INDEX

読者限定セミナー動画プレゼント企画

読者の皆様により深くWebマーケティングを知っていただくための動画のプレゼントをご用意致しました。

FREE WEB HOPEの「売れるサイトの構成作成セミナー動画」の前半部分を無料で視聴できます。前半部分のみになりますが、実際にLPO研修向けに販売している動画になりますので、役立てていただけると思います。

申し込み条件

- 「現役LPO会社社長から学ぶ　コンバージョンを獲る ランディングページ」のレビューをAmazon.co.jpのカスタマーレビューに投稿した読者様へのみのプレゼントになります。

QRコードからも
メール作成できます

- カスタマーレビューを書き、投稿が完了する直前のレビュー画面をキャプチャーし、**dokusyapz@gmail.com**までメールでお送りください（レビューの内容は自由です）。
- 既にカスタマーレビューを投稿していただいた方も、編集ページからレビュー投稿をキャプチャーして上記のメールアドレスにお送りいただくことでご応募できます。

プレゼントの受け取り方

- レビューの反映を確認後、メールアドレスへ詳細をご連絡いたします。

※本キャンペーンは2018年12月末を持ちまして、終了させていただきます。本件へのお問い合わせは上記アドレスまでお願いします。株式会社FREE WEB HOPEへのお問い合わせはご遠慮ください。

もしあなたが今、Webからの問い合わせや購入の数に満足していない、またはこれから立ち上げようと考えているWebサイトのマーケティングに自信がない……とお考えであれば、私たちの無料相談が役に立つかもしれません。

私たちはほとんどが反響による相談、またはお客様からの紹介で相談をさせて頂いておりますので、無料相談に参加したからといって強引な営業をされることはありませんし、無理やりに提案をしたりはしておりません。

お気軽にマーケティングの悩みをお聞かせください。最新の情報や獲得手法についてお話させて頂きます。

無料相談はこちらからご予約頂けます。

http://freeweb-h.jp/mailform/

無料相談はご遠慮無くご活用ください。結果、私たちに何かを依頼しなかったとしても、確実にあなたにメリットのある情報提供をさせていただきます。

本書について

本書に記載されている会社名、サービス名、ソフト名などは関係各社の登録商標または商標であることを明記して、本文中での表記を省略させていただきます。
システム環境、ハードウェア環境によっては本書どおりに動作および操作できない場合がありますので、ご了承ください。

本書の内容は執筆時点においての情報であり、予告なく内容が変更されることがあります。また、本書に記載されたURLは執筆当時のものであり、予告なく変更される場合があります。
本書の内容の操作によって生じた損害、および本書の内容に基づく運用の結果生じた損害につきましては、著者および株式会社ソーテック社は一切の責任を負いませんので、あらかじめご了承ください。

本書の制作にあたっては、正確な記述に努めていますが、内容に誤りや不正確な記述がある場合も、著者および当社は一切責任を負いません。

本書内容に関するお問い合わせについて

弊社 Web サイトのサポートページをご確認ください。
これまでに判明した正誤や追加情報などが掲載されています。

サポートページ▶ http://www.sotechsha.co.jp/sp/1193/

現役LPO会社社長から学ぶ
コンバージョンを獲るランディングページ

2018年5月20日　初版　第1刷発行

著　者　相原 祐樹（あいはら ゆうき）
装　丁　植竹裕
発行人　柳澤淳一
編集人　久保田賢二
発行所　株式会社　ソーテック社
〒102-0072　東京都千代田区飯田橋 4-9-5　スギタビル 4F
電話（注文専用）03-3262-5320　FAX03-3262-5326
印刷所　図書印刷株式会社

Printed in Japan
ISBN978-4-8007-1193-9